"十三五"国家重点出版物出版规划项目
海 洋 新 知 科 普 丛 书

神奇海洋的发现之旅
苏纪兰院士 总主编

物理海洋：
源远流长的奥秘

PHYSICAL OCEANOGRAPHY
LONG AND PROFOUND STREAM

吴立新 陈大可 主编

海洋出版社
2023年·北京

图书在版编目(CIP)数据

物理海洋：源远流长的奥秘 / 吴立新, 陈大可主编.
— 北京：海洋出版社, 2023.3
（海洋新知科普丛书 / 苏纪兰主编. 神奇海洋的发现之旅）
ISBN 978-7-5210-1047-3

Ⅰ.①物… Ⅱ.①吴… ②陈… Ⅲ.①海洋物理学 –
普及读物 Ⅳ.①P733-49

中国版本图书馆CIP数据核字(2022)第246758号

审图号：GS 京（2023）1099 号

WULI HAIYANG : YUANYUANLIUCHANG DE AOMI

责任编辑：苏　勤
责任印制：安　森

海洋出版社 出版发行
http://www.oceanpress.com.cn
北京市海淀区大慧寺路 8 号　　邮编：100081
鸿博昊天科技有限公司印刷　　新华书店北京发行所经销
2023年3月第1版　　2023年3月第1次印刷
开本：787mm × 1092mm　　1 / 16　　印张：16.75
字数：280千字　　定价：128.00 元
发行部：010-62100090　编辑部：010-62100061　总编室：010-62100034
海洋版图书印、装错误可随时退换

编委会

物理海洋：源远流长的奥秘

编委会

在太阳系中，地球是目前唯一发现有生命存在的星球，科学家认为其主要原因是在这颗星球上具有能够产生并延续生命的大量液态水。整个地球约有97%的水赋存于海洋，地球表面积的71%为海洋所覆盖，因此地球又被称为蔚蓝色的"水球"。

地球上最早的生命出现在海洋。陆地生物丰富多样，而从生物分类学来说，海洋生物比陆地生物更加丰富多彩。目前地球上所发现的34个动物门中，海洋就占了33个门，其中全部种类生活在海洋中的动物门有15个，有些生物，例如棘皮动物仅生活在海洋。因此，海洋是保存地球上绝大部分生物多样性的地方。由于人类探索海洋的难度大，对海洋生物的考察、采集的深度和广度远远落后于陆地，因此还有很多种类的海洋生物没有被人类认识和发现。大家都知道"万物生长靠太阳"，以前的认知告诉我们，只有在阳光能照射到的地方植物才能进行光合作用，从而奠定了食物链的基础，海水1000米以下或者更深的地方应是无生命的"大洋荒漠"。但是自从19世纪中叶海洋考察发现大洋深处存在丰富多样的生物以来，到20世纪的60年代，已逐渐发现深海绝非"大洋荒漠"，有些地方生物多样性之高简直就像"热带雨林"。尤其是1977年，在深海海底发现热液泉口以及在该环境中存在着其能量来源和流动方式与我们熟悉的生物有很大不同的特殊生物群落。深海热液生物群落的发现震惊了全球，表明地球上存在着另一类生命系统，它们无需光合作用作为食物链的基础。在这个黑暗世界的食物链系统中，地热能代替了太阳能，在黑暗、酷热的环境下靠完全不同的化学合成有机质的方式来维持生命活动。1990年，又在一些有甲烷等物质溢出的"深海冷泉"区域发现生活着大量依赖化能生存的生物群落。显然，对这些生存于极端海洋环境中的生物的探索，对于研究生命起源、演化和适应具有十分特殊的意义。

在地球漫长的46亿年演变中，洋盆的演化相当突出。众所周知，现在的地球有七大洲（亚洲、欧洲、非洲、北美洲、南美洲、大洋洲、南极洲）和五大洋（太平洋、大西洋、印度洋、北冰洋、南大洋）。但是，在距今5亿年前的古生代，地球上只存在一个超级大陆（泛大陆）和一个超级大洋（泛大洋）。由于地球岩石层以几个不同板块的结构一直在运动，导致了陆地和海洋相对位置的不断演化，才渐渐由5亿年前的一个超级大陆和一个超级大洋演变成了我们熟知的现代海陆分布格局，并且这种格局仍然每时每刻都在悄然发生变化，改变着我们生活的这个世界。因此，从一定意义上来说，我们所居住和生活的这片土地是"活"的：新的地幔物质从海底洋中脊开裂处喷发涌出，凝固后形成新的大洋地壳，继续上升的岩浆又把原先形成的大洋地壳以每年几厘米的速度推向洋中脊两侧，使海底不断更新和扩张；当扩张的大洋地壳遇到大陆地壳时，便俯冲到大陆地壳之下的地幔中，逐渐熔化而消亡。

海洋是人类生存资源的重要来源。海洋除了能提供丰富的优良蛋白质（如鱼、虾、藻类等）和盐等人类生存必需的资源之外，还有大量的矿产资源和能源，包括石油、天然气、铁锰结核、富钴结壳等，用"聚宝盆"来形容海洋资源是再确切不过的了。这些丰富的矿产资源以不同的形式存在于海洋中，如在海底热液喷口附近富集的多金属矿床，其中富含金、银、铜、铅、锌、锰等元素的硫化物，是一种过去从未发现的工业矿床新类型，而且也是一种现在还在不断生长的多金属矿床。深海尤其是陆坡上埋藏着丰富的油气，20世纪60年代末南海深水海域巨大油气资源潜力的发现，正是南海周边国家对我国南海断续线挑战的主要原因之一。近年来海底探索又发现大量的新能源，如天然气水合物，又称

"可燃冰"，人们在陆坡边缘、深海区不断发现此类物质，其前期研究已在能源开发与环境灾害等领域日益显示出非常重要的地位。

海洋与人类生存的自然环境密切相关。海洋是地球气候系统的关键组成部分，存储着气候系统的绝大部分记忆。由于其巨大的水体和热容量，使得海洋成为全球水循环和热循环中极为重要的一环，海洋各种尺度的动力和热力过程以及海气相互作用是各类气候变化，包括台风、厄尔尼诺等自然灾害的基础。地球气候系统的另一个重要部分是全球碳循环，人类活动所释放的大量CO_2的主要汇区为海洋与陆地生态系统。海洋因为具有巨大的碳储库，对大气CO_2浓度的升高起着重要的缓冲作用，据估计，截至20世纪末，海洋已吸收了自工业革命以来约48%的人为CO_2。海洋地震所引起的海啸和全球变暖引起的海平面上升等，是另一类海洋环境所产生的不同时间尺度的危害。

海洋科学的进步离不开与技术的协同发展。海洋波涛汹涌，常常都在振荡之中；光波和电磁波在海洋中会很快衰减，而声波是唯一能够在水中进行远距离信息传播的有效载体。由于海洋的特殊性，相较于其他地球科学门类，海洋科学的发展更依赖于技术的进步。可以说，海洋科学的发展史，也同时是海洋技术的发展史。每一项海洋科学重大发现的背后，几乎都伴随着一项新技术的出现。例如，出现了回声声呐，才发现了海洋山脉与中脊；出现了深海钻探，才可以证明板块理论；出现了深潜技术，才能发现海底热液。由此，观测和探测技术是海洋科学的基石，科学与技术的协同发展对于海洋科学的进步甚为重要。对深海海底的探索一直到20世纪中叶才真正开始，虽然今天的人类借助载人深潜器、无人深潜器等高科技手段对以前未能到达的海底进行了探索，但到目前为止，人类已探索的海底只有区区5%，还有大面积的海底是未知的，因此世界各国都在积极致力于海洋科学与技术的协同发展。

海洋在过去、现在和未来是如此的重要，人类对她的了解却如此之少，几千米的海水之下又隐藏着众多的秘密和宝藏等待我们去挖掘。

《神奇海洋的发现之旅》丛书依托国家科技部《海洋科学创新方法研究》项目，聚焦于这片"蓝色领土"，从生物、地质、物理、化学、技术等不同学科角度，引领读者去了解与我们生存生活息息相关的海洋世界及其研究历史，解读海洋自远古以来的演变，遐想海洋科学和技术交叉融合的未来景象。也许在不久的将来，我们会像科幻小说和电影中呈现的那样，居住、工作在海底，自由在海底穿梭，在那里建设我们的另一个家园。

总主编　苏纪兰

2020年12月25日

目录

第一章　chapter 1

潮汐
——潮起潮落

第二章　chapter 2

海浪
——大海的歌唱

第六章　　chapter 6

近海环流
——孕育生命的流动

第七章　　chapter 7

热带海气相互作用
——和谐的交响乐章

第十章 chapter 10

海洋灾害
——迷人海洋的狂躁一面

第十一章 chapter 11

海洋观测
——海洋科学的开端

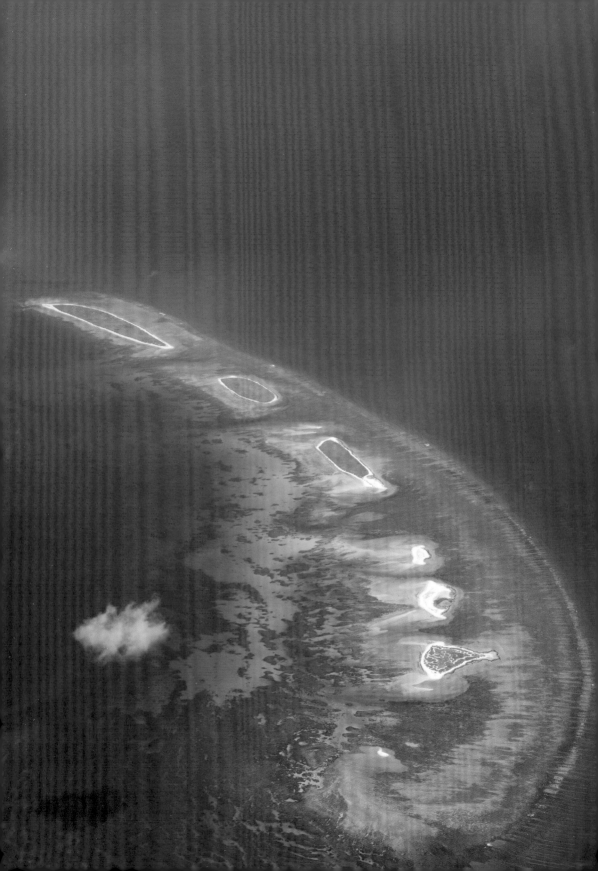

第一章

潮汐
——潮起潮落

潮汐发现

　　凡是到过海边的人们，都会看到海水有一种周期性的涨落现象：到了一定时间，海水推波助澜，迅猛上涨，达到高潮；一段时间以后，上涨的海水又自行退去，留下一片沙滩，出现低潮，如此循环重复，永不停息。海水的这种运动现象就是潮汐，我们一般把白天海水上涨叫潮，晚上海水上涨叫汐。其实，不仅在海洋里有潮汐，在大气中和看来似乎坚如磐石的地壳里也都存在着潮汐涨落现象。其中，固体地壳的周期涨落叫作固体潮，大气中的则称作大气潮。

　　那么是什么力量促使海水这样夜以继日、永不停息地运动呢？

中国古代的潮汐发现

　　远在东汉时代我国学者王充的"涛之起也，随月盛衰"，就已经指出月球运动和潮汐的关系了。"天"与"地"，遥隔万里，似乎并不相干，事实上它们却通过万有引力联系了起来。潮汐涨落就是由于月、日等天体对于地球各处的引力不同所产生的。万有引力定律告诉我们，宇宙间一切物体都是互相吸引的，引力的大小与两个物体的质量乘积成正比，与它们之间的距离成反比。引起海水相对地面运动的力不仅是天体对海水的吸引力，更主要的是引潮力，即被吸引物体所受到的引力和惯性离心力的合力。引潮力的大小与引潮天体（如月球）的质量成正比，与天体到地心的距离的立方成反比。太阳的质量占整个太阳系质量的 99% 以上，月球的质量相对来说是微不足道的，但因太阳离我们的距离大约等于地、月中心距离的 390 倍，因此月球对潮汐起主要作用。根据计算，月球引潮力的大小等于太阳引潮力的 2.2 倍。我国古代许多科学家如东汉的王充、唐代的窦叔蒙、封演等人都有"月周天而潮应"的认识。

此外，窦叔蒙还曾指出："月与海相推，海与月相期，苟非其时，不可强而致也"；封演指出海潮与月亮的关系是"潜相感致，体于盈缩"。这里不仅捕捉到了海潮升降、涨落的客观规律，还包含了月海相互作用、互为吸引的认识。在公元 8 世纪中、后期就能得到这样深刻的认识，实属难能可贵。燕肃用 10 年的时间观察潮汐，遍历东南诸海，设计了较准确的计时仪器"莲花漏"，编著《海潮论》和海潮图。他明确指出海潮"随日而应月，依阴而附阳"，即潮汐的生成主要是月球起作用，太阳也有一定的影响。这一论断至今仍闪耀着科学的光辉。

总的来说，我国古代科学家在有机自然观的指引下，从观察和经验入手，研究天体运行和海潮变化规律，总结出海潮与日、月的作用有关，这些都为潮汐学的发展做出了重要的贡献。

天文学与潮汐学好比是孪生兄弟，人们根据天文学的成果解释潮汐变化规律，而潮汐自身随时间推移而变化又反映了天体与地球的相对运动。一般来说，任何天体都有潮汐涨落运动，它是天体演化的原因之一。因此，天文现象与潮汐相生相息，密不可分，任何一方面理论的进步都会推动另一方面研究的发展。

近代西方的潮汐学

在浩瀚无际的大海里，海水总是处在运动之中。潮汐是海水运动的一种形式。它的高度差（潮差）可达几米，甚至十几米。我国杭州湾最大潮差达 8.9 米，北美芬迪湾潮差达 15 ~ 16 米。如此大的潮差蕴藏着惊人的能量，因此揭开潮汐的神秘成因已成为必然。

近代海洋潮汐学创立于 17 世纪后半叶。它阐明了海洋潮汐的成因，提出了全球潮波分布及其随时间变化的规律，为人类进行潮汐预报做出了贡献。关于引起海洋潮汐的原动力问题，已有明确的解答。月球和太阳是对海水的潮汐运动影响最大的两颗天体。潮汐主要是由于地球表面各点与月球和太阳的相对位置不同，各点所受到的引潮力有所差异，导致地球上的海水发生相对运动而形成的。地球、月球和太阳三颗天体的相对位置发生变化都会产生潮汐不等现象，潮汐不等从成因上又可以细分为月相不等、回归不等以及视差不等等一系列类型。

根据牛顿的万有引力定律，月球对地球各个质点都有吸引力，距离月球近的所受引力大，距离月球远的所受引力小，于是地球上的海水必将发生相对运动。人们取地心作为参照标准，因为地心所受到的月球引力等于月球对地球各处引力的平均值。依照距离月球的远近来判断，在面向月球一侧，海水质点所受的月球引力大于地心所受的引力，而在背对月球一侧，海水质点所受的月球引力却比地心所受引力要小。因此把地球上单位质量物体所受月球的引力，与绕月－地公共质心公转产生的惯性离心力的矢量和定义为太阴引潮力。

从太阴引潮力的定义可以看出，面向月球一侧这一矢量和所构成的引潮力场趋向月球；而背对月球一侧的引潮力场背离月球。引潮力又可分解为两个分量：一个与地面垂直，另一个与地面相切。后者叫作水平引潮力，它在海洋潮汐现象中发挥着重要作用。图 1-1 中地球表面的小箭头代表水平引潮力的分布，Z 点指示的是指向月球的位置，阴影表示当地的引潮力是背向月球方向的，红色虚线代表引潮力面向

物理海洋：源远流长的奥秘

Physical Oceanography: Long and Profound Stream

月球和背对月球的分界面，在这里水平引潮力等于零。由此看出，地球上的引潮力场，相对于分界面呈对称分布。因此，随着地球自转，对固定地点来说，太阳引潮力场使地球上某一地点每天大约完成两个周期性变化。这就是全球海洋大多数地点一天发生两次潮汐（半日潮）的根本原因。

图 1-1　水平引潮力示意

　　同理，太阳对地球上各点的引力，与地球绕日 - 地公共质心公转产生的惯性离心力的矢量和，叫作太阳引潮力。太阴引潮力场和太阳引潮力场的共同作用是地球潮汐现象最主要的动力源泉。

　　17 世纪牛顿提出万有引力定律，并用它解释潮汐现象，创立了潮汐静力学说。过了将近一个世纪，拉普拉斯提出了潮汐动力学理论。19 世纪末，达尔文等把潮汐展开为几十个分量，初步解决了潮汐应用问题。达尔文给每一个分量起了名字叫作某分潮，例如，M_2 分潮，它是代表在天球赤道上做匀速运动，其角速率为每小时 28.9841°，以月 - 地平均距离为半径做圆周运动的假想天体所引起的潮汐。类似地，S_2 分潮是以每小时 30° 的角速率绕地球做圆周运动的假想天体引起的潮汐；K_1 分潮、O_1 分潮则是由于日、月赤纬变化所导致的潮汐等。由于没有考虑地球表面的海陆分布，因而不能很好地说明许多实际的潮汐现象。但是，在海上活动迫切需求推动下，开尔文、达尔文等利用潮汐观测资料进行调和分析（或叫谐波分析），作出了基本可靠的潮汐预报。杜德森于 1921 年引用布朗月球运动表，把潮汐展开为 400 项左右。进入 20 世纪 70 年代，卡特莱特根据现代的天文常数重新展开到 500 余项，每一项都代表一个分潮。可见，随着天文学的发展，潮汐学也取得了一系列重要进展。

每天都不一样的潮涨潮落

在大部分海域，潮汐运动的平均周期为 12 小时 25 分钟，即每天有两次涨潮，两次落潮。少数地区在每个月的大多数日子里每天只有一次高潮和低潮，即平均周期为 24 小时 50 分左右。还有一些港口的潮汐情况则介于这两者之间。对于同一海区，潮涨潮落也不是日复一日地简单重复，每天的潮汐都存在变化。

一天有几次？

根据一个海区潮汐的平均周期我们可以定义该海区潮汐的类型。实际潮汐变化中包含日周期振动和半日周期振动两部分，通常根据全日分潮和半日分潮的相对大小即振幅比划分潮汐类型。在全日分潮中最主要的是太阴太阳合成全日分潮 K_1 和太阴全日分潮 O_1 两个分潮，在半日分潮中最主要的是太阴半日分潮 M_2，在我国用 K_1 和 O_1 两个全日分潮振幅之和与 M_2 分潮振幅的比值大小 A 对潮汐进行分类，即

$$A = \frac{H_{K_1} + H_{O_1}}{H_{M_2}}$$

其中，A 叫作潮型数。根据 A 的取值不同，实际海洋中的潮汐类型大致可分为半日潮、混合潮和全日潮。

1. 半日潮

当一个海区主要半日分潮的半潮差远大于日分潮的半潮差时，或 $A<0.5$ 时，此海区的潮汐类型为半日潮。半日潮又可分为正规半日潮和不正规半日潮两种类型，两者在每个太阴日（24 小时 50 分钟）中均有两次高潮和两次低潮。前者每天两次高潮或低潮的潮高大体相等，涨潮时间和落潮时间也几乎相等；后者的涨潮时间与落潮时间不相等，一般出现在浅海或者河口区，较常看到的是落潮时间比涨潮时间长的现象，如我国长江口下游和杭州湾海域。涨潮时间长于落潮时间的情形比较少见。对于不正规半日潮海区，其落潮与涨潮时间的差别，主要取决于浅水分潮的大小，一般可由比值 $\frac{H_{M_4}}{H_{M_2}}$ 算出，比值越大，涨、落潮时间差别越大。

2. 混合潮

混合潮又分为不正规半日潮混合潮和不正规全日潮混合潮两种类型。

当 $0.5 \leq A < 2$ 时，为不正规半日潮混合潮。这种潮汐在一个太阴日中也有两次高、低潮，但相邻的高潮或低潮的高度不相等，且涨潮时间与落潮时间也不相等，我国台湾的马公和安平等地的潮汐就属于这种类型。

当 $2 \leq A \leq 4$ 时，为不正规全日潮混合潮。这种潮汐在每个月的大部分时间表现为不正规半日潮混合潮性质，少数时间会出现一天一次高潮和低潮的日潮现象。A 值越大，出现日潮天数越多。如我国台湾高雄和海南榆林等地的潮汐。

3. 全日潮

$A > 4$ 的潮汐类型为正规全日潮。这种潮汐在半个回归月中大多数日子是一天一次高潮和低潮的日潮现象，而在其余天数为混合潮性质。A 越大，出现日潮的天数越多。我国北部湾是世界上典型的全日潮海区。

日复一日的重复？

实际上，海洋潮汐存在每一天的潮差都不相等且潮差不等逐日变化的情形，这种现象叫作潮汐不等现象。较常见的是两相邻的高潮（或低潮）的高度不等。潮汐不等随着月球、太阳与地球相对位置以及月球赤纬的变化而变化，可以划分为几种不同时间尺度的不等。

1. 月相不等

月相不等是潮汐不等中最为显著的一种不等，其特点是潮差的逐日变化主要与月相盈亏有关，在半日潮海区尤为明显。这类海区在朔望后的二三日，由于月球引起的潮汐与太阳引起的潮汐叠加且相互增强，潮差最大，称为朔望大潮；而在上弦和下弦后的二三日，太阳和月球引起的潮汐相互削弱，潮差最小，称为上下弦小潮（图 1-2）。月相不等的周期为半个朔望月（约 14.8 天）。

海水是具有惯性的，加上海底地形和岸线的复杂性以及地转偏向力和摩擦力的作用，实际的海水当月球处于该地中天时并不会达到高潮，而要经过一段时间，才发生高潮，此段时间叫高潮间隙，其平均值叫作平均高潮间隙。高潮间隙随地形不同有很大差异；同时由于太阳潮的影响，同一地点的高潮间隙还随月相而发生变化。同理，从朔望至大潮来临的时间间隔，叫半日潮龄，多数港口为 2 ~ 3 天。

2. 回归不等

混合潮海区和全日潮海区存在日潮不等现象，即一天两次高潮（或低潮）的潮高不等。日潮不等主要是由月球赤纬产生的。回归潮与分点潮都随着月球赤纬而变化（图1-3），所以叫回归不等，其周期为半个回归月（约13.7天）。

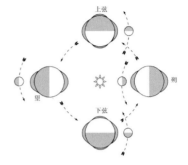

图1-2　月相和大小潮

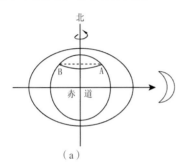

（a）　　　　　　　　（b）

图1-3　回归不等
（a）分点潮；（b）回归潮

1）分点潮

月球赤纬为零时的潮汐分布如图1-3（a）所示。A点为地球上任一点，B点为其相反位置（纬度相同，经度差180°），月球位于A点的上中天时，对B点则为下中天。月球每天（约24小时50分）出现在A点（或B点）的上、下中天各一次，A点（或B点）发生高潮，故一天内A点（或B点）有两次高潮。由于此时月球在赤道附近，因而一天内两次高潮（低潮）的潮高大约相等，此时的潮汐叫分点潮。

分点潮一般发生在月球赤纬为零后若干天（我国为两天左右），此时潮汐中的全日分潮振幅最小，其结果是，半日潮海区的日潮不等几乎消失，而日潮海区的潮差很小，在此期间经常会出现一天两次高潮和低潮。

正规半日潮港春分、秋分前后的大潮常常特别大，因为此期间不但太阳在赤道附近，月球也在赤道附近，两颗天体均会形成分点潮，此时潮差可比平时大潮的潮差大 10% 左右。若恰逢朔望大潮，则会出现很显著的大潮。如农历八月钱塘江发生大潮，这就是重要原因之一，当然喇叭口地形的能量辐聚作用是一个更重要的前提。

2）回归潮

随着月球赤纬增大，日潮不等现象开始出现并且越来越显著。如图 1-3 (b) 所示，假使月球直射 A 点，A 点会发生高潮，而 B 点也是高潮，但这两点的高潮高度不相等，A 点发生的为高高潮，B 点发生的是低高潮，过 12 小时 25 分钟后 A 点出现低高潮，而 B 点出现高高潮，故一天内同一地点将有两次高潮，但其高度不等，其高潮间隙亦有差异；低潮的不等亦然。月球赤纬最大时不等现象也达到最大时的潮汐叫回归潮。

回归潮一般发生在月球赤纬最大后若干天（我国为两天左右），此时潮汐中的全日分潮振幅达到最大，其结果是半日潮海区造成日潮不等最显著、日潮海区潮差达到最大。从月球最大赤纬至发生回归潮的时间间隔叫日潮龄，我国约为两天。

在全日潮占绝对优势的海域，夏至和冬至前后太阳赤纬达到最大，在此时间前后的朔日，月球将达到北赤纬最大，而望日则达到南赤纬最大，这时两颗天体引起的回归潮叠加出现大潮，尽管此时的朔望大潮为半年中的最小大潮，但二者叠加后的潮差可能达到半年中的最大值。

在不正规半日潮混合潮海区主要受月球赤纬变化的影响。随着月球赤纬增大，潮差开始出现不等并逐渐增大。到月球赤纬最大时，通常再过 2～3 天，潮汐不等达到最大，这时高高潮与低高潮或低低潮与高低潮的潮高相差最大；此后，由于月球赤纬的变小，潮汐不等也逐渐变小，至月球经过赤道时，这种潮差不等现象几乎消失。

在不正规全日潮混合潮和全日潮海区，当月球赤纬达到最大以前的某一段时期，一天中的两个小的潮高（高低潮和低高潮）完全消失，此后每天只出现一次高潮和低潮，表现为全日潮特征。在月球赤纬达到最大后的某一段时间，潮差达到最大，以后逐日变小。在月球经过赤道以前的某一段时间，开始出现每天两次高潮和低潮，至月球经过赤道时及以后一段时间，潮汐表现为半日潮性质，但潮差往往很小，在某些海区潮差几乎为零。

3. 视差不等

除月相不等和回归不等外，潮差的大小还随月球（或太阳）与地球距离的变化而变化。月地距离近，潮差较大，通常在月球经过近地点两天后，潮差为最大，而月球经过远地点后的两天左右潮差为最小，此种不等现象叫视差不等。对于太阳也有类似现象。

从近地点至最大潮差的时间间隔叫视差潮龄，通常也为 2 ~ 3 天。

4. 年不等及更长时间不等

潮汐的年周期变化一部分是由于引潮力的年变化引起的，但天文潮中的年周期振幅较小，主要是源于气候的季节变化。它与太阳引潮力的长周期部分一样，取决于太阳赤纬。春分和秋分时，太阳赤纬为零，夏至时太阳达到北赤纬最大，冬至达到南赤纬最大。同时，由于地球绕太阳公转为椭圆形轨道，因此一年之中日地之间的距离是不断变化的，日地距离的变化使潮汐产生微弱的年不等现象。

除年不等外，还有更长周期的潮汐不等现象。黄道与白道的交点——升交点移动的周期为 18.61 年，月球近地点和远地点的移动具有 8.85 年周期，使潮汐分别产生了 18.61 年和 8.85 年的长周期变化，前者引起的潮汐变化较后者显著。

蔚为壮观的潮汐奇观

钱塘江大潮

　　钱塘江是我国东南沿海的著名河流，也是浙江省的第一大河，在灌溉、水产养殖、航运、发电及旅游业等方面具有重要意义。钱塘潮更是以"八月十八潮，壮观天下无"的天下奇观蜚声中外。

　　每年农历八月十八，钱塘江的涌潮最大，其潮头高达数米。从西汉开始，钱塘观潮之风即已兴起，到唐宋时期达到高潮。作为与南美亚马孙河和南亚恒河并列的三大涌潮河流之一，钱塘江大潮以其气势的波澜壮阔出现在世人面前，并被历代文人墨客写进传颂千古的诗词歌赋之中。时至近现代，钱塘潮仍吸引了众多名人前来观潮，毛泽东更是留下了"千里波涛滚滚来，雪花飞向钓鱼台。人山纷赞阵容阔，铁马从容杀敌回"的壮丽诗篇。

　　钱塘潮潮势如此之盛的原因是它占了天时地利。每年农历八月十六至十八，太阳、地球、月球几乎处于同一条直线上，天体引潮力达最大，加上杭州湾状如"喇叭口"的地形特点，借助沿海一带盛行的东南风，潮借风势，就形成了"天下奇观"的钱塘潮（图1-4）。当外海的潮波进入杭州湾之后，海湾宽度从出海口处的超过100千米逐渐收缩至二三千米，受到两岸地形急剧收缩的影响，潮波在行进过程中不断反射、叠加、升高。潮波行进途中河床也在逐渐升高，水深从原来的超过 20 米逐渐变为二三米。因滩高水浅，前面的潮水受限减速，后面的潮水则紧紧追赶而来，就形成了后浪赶前浪，潮水一层叠一层的现象，最后形成一堵潮水组成的白色水墙席卷而来，排山倒海，汹涌澎湃，气势雄伟，伴随着雷鸣般的巨响，犹如千军万马齐头并进。

图 1-4　钱塘江大潮

世界潮汐奇观

　　位于南美洲北部的亚马孙河同样具有钱塘江一样的涌潮特性。作为世界第二长河的亚马孙河是世界上流量最大、流域最广、支流最多的河流。亚马孙河的河口也是呈巨大喇叭口形的海湾，宽度可达到 240 千米。当海潮进入喇叭口之后，在河岸不断挤压与河床不断抬升的作用下形成犹如壁立的潮头，一般高 2 米，大潮最高时可达 5 米，潮头不断向河流深处推进，直可上溯 600 ~ 1000 千米。当地人把这

一涌潮现象称为"波波罗卡"，每当涌潮出现时，潮声震耳，可以声传数里，游人也争相前往。2013年4月4日至13日，中央电视台推出的《探潮亚马孙》系列节目，为我们展示了亚马孙涌潮最神秘、最壮观、最有野性的一面。

见过钱塘江、亚马孙河这些气势磅礴的涌潮现象后，我们会感到潮汐力量的巨大，但其实，潮汐也会在那些细微之处展现它的奇妙。在加拿大新不伦瑞克省的圣约翰，有一个很有名的观光景点叫作"反转瀑布"(Reversing Falls)。一提到瀑布，人们最先想到的便是李白"飞流直下三千尺"的名句，这"反转"又是怎么做到的呢？原来，这个瀑布并不像我们印象中的瀑布一样，而是河流的峡口。每当涨潮时，潮水会通过峡口涌进内河，而当退潮时，水流则会反转180°，转而流向大海。相比钱塘江大潮的汹涌澎湃来说，这个"反转瀑布"确实小了很多，但它与钱塘江和亚马孙河一样，都在向我们展现最真实且奇妙的潮汐现象。

潮汐与我们

军事国防

　　1661 年 4 月 21 日，民族英雄郑成功率领两万五千名将士从福建金门出发进攻荷兰人占据的我国台湾岛。在进攻过程中，郑成功舍弃了水域宽阔、方便进出的大港水道，而选择了地势险要、水浅礁多的鹿耳门水道，在涨潮时分，乘着潮流，沿着因涨潮而变得宽且深的水道行进，攻其不备，一举攻克了防备薄弱的禾寮港，顺利收复了台湾。在这次战斗中，巧妙地利用了潮汐特征是郑成功得以成功的关键。

　　不仅在古代，时至科技发达的近现代，潮汐仍然影响着舰艇活动、登陆作战以及水雷布设等军事行动。在历史上，每一次成功的登陆作战都少不了对潮汐的巧妙运用。1944 年 6 月 6 日 6 时 30 分，盟军在法国诺曼底进行了至今为止世界上规模最大的一次登陆作战，此战，盟军将近 300 万士兵送入欧洲战场，成功开辟了欧洲第二战场，成为第二次世界大战的一个重要转折点，奠定了盟军的最后胜利。在这次举世闻名的登陆中，到处都能看到潮汐的影响。先是为了顺利登陆，必须选择适合的潮汐，将部队送到离滩头最近的地方，减少暴露在德军枪炮下的时间，为此盟军在不同的地方选择了不同的登陆时间；然后是在登陆过程中，一股强劲的东南风使抢滩地点比计划南移了 1800 米，但是这个意外却给盟军带来了好运，因为预定地点有一个团的德军防守，而实际登陆的地点却只有德军一个连的兵力。由此可见，无论在事前的计划还是在实施计划的过程中，潮汐的力量或多或少地影响着战争的进程。

斯卡帕湾是位于苏格兰最北端的一块半封闭水域，第二次世界大战时让盟军头疼不已的德国潜艇，曾经在这里借助潮汐规律完成了一次完美的偷袭。1939 年 10 月 12 日夜晚，趁着涨潮水位上涨，德国 U-47 号潜艇从唯一一个没有布设水雷和防潜网，却海底岩石密布的入口悄悄潜入了斯卡帕湾的英国海军基地，在经过静静的等待之后，发现了隐蔽停靠的英国战列舰"皇家橡树"号，发射了几枚鱼雷之后，"皇家橡树"号被炸裂，海水涌入船舱，燃油泄出海面，伴随着燃烧了整个海面的烈火，"皇家橡树"号和舰上的 900 多名士兵葬身火海。U-47 号潜艇偷袭成功，让英国海军蒙受了巨大的损失。

经济建设

潮汐自古以来便在沿海居民的日常经济生活中扮演了重要的角色。宋范仲淹曾留有"新导之河，必设堵闸，常时扃之，其潮来，沙不能塞也"的记载，说的便是设闸防潮，好引淡水灌溉。遍布东南沿海的"海塘"，更是人们与潮汐相处几千年的产物。我国人工修建的海塘不仅为世界最长（仅浙江、福建两省就有近 3000 千米），而且修建的历史悠久，可以追溯到 2000 多年前。在这悠久的历史中，人们修筑"滉柱"以保护海塘，这些海塘起着抗击波涛，保护农田的作用。

在欧洲大西洋沿岸如英国、法国、西班牙各国，很早就出现了利用涨落潮的水位差来提供动力的"潮汐磨坊"，为日常农业生产提供动力。

除了农业，潮汐对沿海地区的渔、盐业也有很大影响。渔业资源丰富的地区大多在河口地区，这些地区往往又是潮汐现象明显地区，这些地区的鱼类活动常常受到潮汐变化规律的影响。大潮时水流湍急，鱼群分散；小潮时水流缓慢，鱼群易于聚集，了解这些规律，有利于提高捕鱼效率。盐业自古以来就是关系到国运民生的大事，是国家财政的重要收入。很早以前人们就根据潮涨潮落的性质学会了"纳潮"，在涨潮时将海水纳入晾晒池，经过日晒风吹，最后蒸发剩下的就是海盐。在经过了长期的劳作之后，人们还总结出诸如"雨后纳潮尾，长晴纳潮头""秋天纳夜潮，夏天纳日潮"的宝贵经验。

"逆水行舟，不进则退"的俗语早已深入人心，这句话就是对潮汐在港口建设与航运中重要作用的最佳注释。在港口建设中，港口的设计必须考虑当地的潮汐规律，潮水的流向应该与码头的走向相适应，不然就会出现船只靠不了岸的情形。另外不当选址也会出现船只搁浅或是阻塞航道的情况。在航运中，乘潮而来，顺潮而去也是最基本的常识。潮流强大的时候，有些船只只能抛锚休息，因为即使用尽全力也可能原地不动。上海作为中国重要的港口在近些年因为船只吨位增大和原有河道淤积等原因，其港口价值面临逐渐降低的风险，很多十万吨级的货轮曾一度需要在港外"候潮"才能进出港口，这就是为什么要修建洋山深水港的原因之一。时至今日，人们的生产生活仍然不能违抗这些简单的自然规律。

如今，在顺应潮汐的同时，我们也在学习试着利用潮汐能源，潮汐发电就是其中之一。潮汐发电因为能源可靠，无淹没和移民等问题而具有较大的开发价值。在欧美国家如美、俄、英、法等国，都已经勘测了众多适合潮汐发电的海湾，设计了如法国朗斯潮汐电站、俄罗斯基斯拉雅湾电站、加拿大芬迪湾电站等一大批潮汐发电站。我国从

20 世纪 50 年代末开始，也发展建设了一批潮汐发电站，有名的有浙江乐清湾北部的江厦、广东甘竹滩、福建幸福洋的潮汐电站。

相信随着我们对潮汐现象的深入了解，在顺应规律与开发利用中，人类可以和潮汐相处得更加融洽，在保护环境的同时也能创造更大的价值。

看不见的海平面

海平面既不是水平面，也不同于大地水准面，它是看不见的。人们从海洋水文的历史资料，通常是潮位资料，进行低通滤波计算得到的平均海面叫作海平面。过去 100 多年间，海平面上升速度比过去 2000 年的平均速度要快 10 倍（图 1-5），而近 40 年来，中国沿海海平面上升了 130 毫米左右，比全球平均速度更快。一旦格陵兰岛冰盖完全融化，海平面会因此而上升大约 7 米；如果整个南极地区的冰盖全部融化，全球海平面将会上升 62 米。

海岸带和近海地区不仅是海陆相互作用的关键区域，也是陆地、海洋、大气、河流共同影响的重要区域，还是现代社会经济活动的

图 1-5　1950 年的夏普岛，曾位于美国的马里兰州境内，17 世纪末占地约 46.7 万平方米，到 1850 年仍占地近 40 万平方米，20 世纪初这里还曾是几个大农场和酒店的所在地。时至今日，这个岛已在地图上踪迹全无，仅余一个灯标作为其曾存在的象征

"黄金地带"。这些地区对气候变化的适应需求表现在海平面上升、海洋灾害加剧、沿海生态系统变化等领域，并严重影响沿海的社会经济活动。

海平面变化与我们的生活

全球大部分沉积型海岸都受到海面上升的侵蚀，伴随着人口的快速增长，沿海国家都面临着如何科学管理这些海岸的问题。全球超过七成人口生活于沿海地区，国际前 15 个大城市中，有 11 个位于沿海或河口。我国是海洋大国，拥有绵长的大陆和岛屿岸线，有 70% 以上的大城市和 50% 以上的人口集中在东部沿海地区。人口密集、经济发达的长江三角洲、珠江三角洲和环渤海城市群，更是全国经济发展的龙头，但同时也是受海平面上升影响最为严重的脆弱地区。

即使是微小的海平面上升，也会带来严重破坏：风暴潮灾害加剧、巨浪、海岸侵蚀、咸潮入侵、沿海湿地及岛屿洪水泛滥、河口盐度上升、土壤盐渍化，最容易受影响的便是那些地势较低的沙质或泥质海岸。此外，海平面上升对岛屿以及沿海地区人口尤为重要的资源，如沙滩、淡水、渔业、珊瑚礁、环礁、野生生物栖息地将造成更大影响。

1. 海侵

只要海平面上升 2 米，马尔代夫、图瓦卢等岛国会被淹没，孟加拉国国土将锐减。南太平洋岛国基里巴斯的两个小岛已被淹没于海面之下（图 1-6），其他的岛屿亦会被大潮淹没，上涨的海水更会冲毁耕地、污染井水、淹没家园。据英国《每日邮报》2013 年 6 月 13 日报道，由于气候变化导致海平面上升，基里巴斯将在 60 年内沉没，成为下一个"亚特兰蒂斯"。

图1-6　美丽的基里巴斯（引自 http://news.sina.com.cn/o/2011-09-09/122323132384.shtml）

2. 海洋灾害及其影响

海平面上升，加剧了风暴潮、巨浪、海岸侵蚀、咸潮入侵、土壤盐渍化、地下水安全等灾害的威胁。平均海平面和特征潮位增高，水深增大，近岸波浪的波高有明显上升趋势，加强了风暴潮的强度。我国东海及其临近海域经常遭受台风、风暴潮和灾害性海浪的侵袭，在渤海海峡曾出现过近14米的巨浪。海水倒灌，咸潮上溯，对三角洲城市群供水安全构成了严重威胁。近年来，咸潮活动频繁、影响范围大、持续时间长，珠江口、长江口和杭州湾多次遭遇咸潮入侵，使部分临近城市如珠海、澳门、中山市的供水受到较大影响。泰国、以色列、越南以及一些岛国正面临由此而引发的地下水安全问题。

3. 沿海生态系统

易受海平面影响的海岸带地区，正面临着湿地减退、红树林和珊瑚礁沿海生态系统发生改变等一系列环境问题。海洋灾害加剧，海岸带湿地遭到破坏，湿地面积大幅缩减甚至消失，使许多鱼虾贝类生息和繁衍场所消失，珍稀生物绝迹，与此同时还伴随着大范围的红树林浸淹死亡，珊瑚礁白化等生态系统的不利局面。

4. 海洋权益和国土安全

很多小面积岛屿以及低潮高地（以前俗称"礁"）面对被淹没的危险，这将严重影响岛屿国家的国土面积，将使海洋划界等国际争端变得更为复杂和困难。众多岛礁事关海洋权益，部分岛礁在高潮时只有很小部分露出海面，海平面上升会造成这些岛礁消失，直接威胁着沿海国家的海洋权益。

5. 社会经济

由海平面上升引发的海洋灾害加剧，造成的经济损失呈现明显上升的趋势。此外，适应海平面变化措施的支出也对社会经济产生影响。2006 年超强台风"桑美"袭击了福建沙埕港，上百万人受灾，房屋倒塌、船只损毁、工矿企业停产、农田被淹，直接经济损失超 60 亿元。另外，适应措施也开销巨大，如美国大约有 2 万千米长的海岸线及3.2 万千米的沿岸湿地，若要适应海平面上升 1 米，需花费 1560 亿美元。若海平面上升的趋势持续，伦敦、曼谷以及纽约等大型城市将会被淹没在海平面以下，数百万人流离失所（图 1-7）。

图 1-7 海平面真的在上升吗？不会影响我们的生活吗？面对这些疑问，美国艺术家尼科雷·拉姆（Nickolay Lamm）用概念图展示了未来被水淹没的美国。如果气候变化持续，海平面继续上升，这也许不再是科幻故事的情节，或将成为人类必须面对的现实（引自 https://baijiahao.baidu.com/s?id=1582134795979841653&wfr=spider&for=pc）

值得注意的是，海平面上升并不是全球一致的。由于全球气候变暖使冰川和两极冰盖融化，海水受热膨胀，这些都是造成全球海平面上升的主要原因。同时，局地海平面上升还受风、海流、径流、降水、蒸发、极端气候事件和地面沉降等因素的共同影响。

中华人民共和国水准原点与海平面

人们常说的海拔高度都是参照某一水准原点而言的，比如全球最高峰——珠穆朗玛峰的"身高"是 8848.86 米（2020 年数据），就是相对中华人民共和国水准原点的高度，而这一原点就位于青岛。从 1975 年开始，150 余名专家学者历时 10 年，从丹东步行，沿海岸线 50 米一测，一直联测到广西壮族自治区与越南交界处的白龙尾，得到几节火车车厢的珍贵资料，完成了我国 2 万多个水准点的测量，推动了全国高程基准工作全面展开。青岛附近地质构造稳定，验潮资料理想，成为确定"1985 国家高程基准"的首选，最终以 1952—1979 年的验潮资料计算海平面，在青岛观象山设立了我国的"水准原点"，

其位于海平面之上 72.260 米。从此改变了我国通行十余个高程基准，相邻省份自然单元高度竟然相差五六十米，各类地图无法拼接和引用的状况。如今，在观象山上约 7 平方米的石屋内，刻有"中华人民共和国水准原点"的黄玛瑙石，承载着我国科学家追求真理的艰辛和心血，也成为记录祖国壮丽山河的"中国格林尼治"（图 1-8）。

图 1-8 观象山上设立水准原点的石屋与标刻水准原点的黄玛瑙石

第二章

海浪
——大海的歌唱

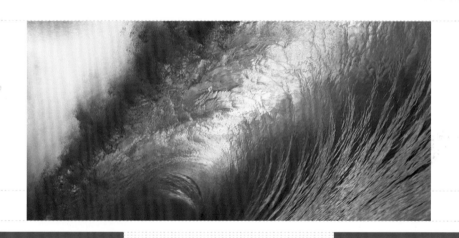

咆哮的海洋

海浪是最常见的海上物理现象和自然灾害之一，经常会给船舶航行、海上或近岸建筑物以及海滨游人带来危险，即使你没有生活在海边，也会从很多文学作品或影视资料里看到或听到关于海浪的各种描述，有很多的谚语和成语用来形容海浪，例如，无风不起浪、无风三尺浪、惊涛骇浪、波浪滔天等。唐代诗人白居易曾在其《浪淘沙》中写道"一泊沙来一泊去，一重浪灭一重生。相搅相淘无歇日，会教山海一时平"，非常形象地描述了近岸海浪的特点。

海浪是由海上风引起的海面波动，是一种表面重力波，即波动过程中水质点偏离平衡位置时的恢复力为重力。按照风对海面的作用特点，海浪可分为风浪和涌浪，风浪是指一直处于风强迫下且不断给海面输入能量的波浪，而涌浪是指风停止、减速或转向情形时的波浪，此时风不能有效地给海浪输入能量，甚至会有海浪将能量输入给大气的情形。需要特别指出的是，所有的海浪均从风浪开始，涌浪是风浪遗留的产物。

任何波动都以其周期和波长为特征，周期表示波动重复的时间，波长表示波动在空间上的重复，波长与周期的比称为相速度，是指波的相位在空间中传递的速度，可以挑选波的任一特定相位来观察（例如波峰），则此处会以相速度前行。按照波速与波长的关系，分为非频散波和频散波。非频散波的波速与波长无关，不同波长或频率的波动同步传播，例如声波，正是由于声波的非频散性，我们才能在音乐会上同时听到各种不同美妙的声音。频散波的波速与波长有关，不同波长或频率的波动传播速度不同，深水海浪是一种频散波，波长越长，波速越大，因此长波总是最先到达，较短的波依次到达。海浪的周期和波长范围很大，海浪周期主要集中在 0.5 ~ 25 秒，而波长为 0.5 ~ 1000 米，波速的变化范围在 1 ~ 40 米 / 秒。海浪传播的距离非常远，曾经记录到从南大洋传播到美国阿拉斯加海域的海浪，即使在无风的海边，也经常会看到非常大的海浪，这正是海浪远距离传播的结果。

海浪本身携带巨大的能量，在所有的海洋波动中，海浪能量最大，估算结果表明，海洋潮汐能大约为 30 亿千瓦，海流能为 50 亿千瓦，而海浪能为 700 亿千瓦，是潮汐能和海流能之和的 8 倍多，可见海浪能具有巨大的开发价值。海浪所携带的巨大能量，可能会给海上船舶、海上建筑物及沿岸设施和人员带来巨大的威胁。近年来，随着全球气候变暖加剧，热带海洋上的热带气旋、台风和飓风出现的频度和强度都在增大，强大的风力会引起巨大的海浪。2000 年 2 月，英国海洋调查船在苏格兰西部海域观测到最大波高 29.1 米、有效波高 18.5 米的大浪，是迄今为止仪器观测到的最大波浪；2004 年 9 月 15 日，飓风"伊万"袭击美国墨西哥湾，浮标观测到的最大波高达到 27.7 米，有效波高 17.9 米。2006 年 8 月，"桑美"台风引起的狂涛巨浪使福建沙埕港内上千艘渔船倾覆沉没。

由于太阳辐射沿经线方向的不均匀，赤道附近盛行东风，南、北纬 50° 附近的所谓西风带，终年盛行 6 ~ 7 级西风和 4 ~ 5 米的涌浪，同时西风带气旋活动十分频繁，引起狂风和十几米的巨浪，特别是南

半球由于缺少陆地阻挡，西风带可以绕南极一周吹送，使得该处终年风大浪急，被称为"咆哮的西风带"，给海上船舶航行带来极大困难和危险，中国历次南极考察船都要穿越南半球西风带，当遭遇西风带强气旋和大浪时，往往需要避让或改变航向。可见，海浪是海洋永不停息的歌唱，时而低缓，时而咆哮。

海浪的生成和成长

　　风吹送在海面上生成风浪，在风的持续作用下，风浪随着时间和空间不断成长。研究发现，影响风浪生成和成长主要有 5 个因素：风速、风区、风时、水深和风区宽度。一般认为，只有风速大于波速时，才能使风能量有效地传递给海面波动，风速越大，越有利于海浪的成长；风区是指风速大小和方向大致保持不变的海上风所作用的海区长度；风时则是作用的时间。显然在同一风速作用下，风区和风时越大，风输入给风浪的能量越多，风浪越成长，波高越大。与此同时，并不是所有风输入的能量都用于风浪的成长，有部分能量会以波浪破碎的形式被耗散掉。为了描述风浪的成长状态，将波速与风速之比定义为波龄，波龄随风区或风时增大，当风区和风时足够长时，波龄达到最大值 1.4，风输入的能量与波浪破碎耗散的能量达到平衡，波高停止增大达到最大值，此时波高与风区和风时无关，仅由风速大小决定，称为充分成长风浪。波高 H_S 与风速 U_{10} 有如下简单的经验关系：

$$H_S = 0.03U_{10}^2$$

这里波高单位为米；风速单位为米 / 秒，在海平面附近，风速随高度以对数形式增大；U_{10} 代表海面上 10 米高度处的风速，即我们通常所说的风速。例如，当海上风速为 20 米 / 秒时，对应的充分成长最大波高为 12 米，强台风的风速可达 40 米 / 秒以上，意味着可以生成 48 米的大浪。

海浪虽然是人们最为熟知的海上现象之一，但对海浪是如何生成和成长的问题一直没有给出满意的答案。海浪研究遇到的最大困难是海浪的随机性和复杂的生成机制。虽然人们对波形保持不变的规则水波研究有很长的历史，到 19 世纪已发展得非常成熟，但这些理论不能简单地用于复杂多变的海浪。首先海浪不是单频波，在一级近似情况下可以视为无数个不同频率和波长组成波的叠加，组成波之间会发生非线性相互作用，我们不可能利用经典理论求解无数个组成波方程；其次是海浪的随机性，使得我们不能用确定性的方程求解，而是必须考虑海浪生成的偶然性。

海浪是海－气相互作用的产物，当风吹送在海面上，空气压力和摩擦力通过某种方式将风能量传递给海水而生成风浪。但是，海上风如何将能量传递给风浪，其生成机制是什么，是海浪研究者一直试图回答的问题。Jeffreys 于 1924 年最先提出所谓风浪生成遮拦理论，他认为如果空气流动快于波速，则气流会在波峰处与波浪分离，在下一个波峰处与波面接触，发生波流分离而形成形状阻力，波峰对空气流动产生遮拦作用，使得波峰前的空气压力大于波峰后的空气压力，风通过该压力将能量传递给风浪。他进一步基于海浪的能量平衡，给出遮拦系数，用于计算风作用下浪的成长。遮拦理论提出后，很多研究者试图通过实验观测进行验证，实验中的确发现了波流分离现象，但测量得到的遮拦系数远小于理论结果，遮拦理论似乎不足以解释风浪成长，逐渐被人们所遗忘。另外，Jeffreys 理论没有给出风浪的初始生成机制，仅说明已经存在于海面上的微小波动如何吸收能量而成长。

之后人们付出很多努力试图阐明风浪生成机制，然而直到 1956 年，著名学者 Ursell 发表了一篇综述文章，指出没有任何一种机制能够很好地解释风浪的生成。受此综述的激励和启发，Phillips 和 Miles 于

1957 年分别提出了共振和剪切流不稳定风浪生成机制。Phillips 共振机制将海面上的空气湍流运动抽象为随机分布的湍流压力涡，这些压力不同的湍流涡作用在静止的海面上，海面受到扰动而产生微小波动，并不是所有波动都能随时间而成长，只有波速与该方向平均风速相等的波动，才能与海面上方湍流涡发生共振，不断从风中获取能量而成长，波高将随时间线性增大。然而观测表明，实际风浪的成长速度比 Phillips 共振机制预测要快得多。另一方面，Miles 剪切流不稳定机制考虑海面上空气湍流的特点，认为平均风速随高度以对数形式增大，将与海面上波动速度相等的平均风速所对应的高度定义为临界高度，当海面上存在微小波动时，风的平均运动于临界高度损失能量和动量，通过波动诱导的雷诺应力向下传递，最后由与波面斜度同位相的压力分量将能量传输至波动。Miles 剪切流不稳定机制预测波高随时间指数增大，与实际观测大致符合。

　　显然，Phillips 共振机制可以解释风浪的初始生成，但风浪成长速度低于实际观测，Miles 剪切流不稳定机制与实际风浪成长速度大体一致，但没有给出风浪的初始生成，后来人们将这两种机制结合在一起，称为 Phillips-Miles 联合机制，用来说明风浪的初始生成和成长。两种机制的共同缺陷是仅考虑了海上风对波动的影响，忽略了波浪对海面上湍流的反馈作用。这两种机制提出后，激发了人们对风浪生成机制的研究热情，这种状况一直持续到 20 世纪 70 年代，有关的研究分为两类，一类是考虑海 – 气耦合作用，试图提出新的风浪生成机制；另一类则是倾向支持 Miles 机制，重点是通过更为准确的外海和实验室观测，确定 Miles 机制中的风浪成长率，Plant 于 1982 年将前人的观测结果进行了总结，给出了风浪的成长率经验公式，这些结果被用于现在的海浪预报模式之中。这里需要指出的是，虽然 Miles 机制在实际应用中获得了巨大成功，但其最核心的临界高度概念，直到 2003 年才被 Hristov 等的外海观测所证实，前后经历了半个多世纪。

　　为了描述海浪的随机性，人们试图引入无线电的随机过程理论来研究海浪。作为一级近似，随机海浪可以视为无数个不同频率具有随机相位的单频波叠加，海浪能量分布在不同频率组成波上，这可以用海浪谱来描述，因而海浪成长问题归结为海浪谱的发展和变化。研究发现，所有风浪谱具有相似的结构，存在一个能量集中的谱峰，当频率低于谱峰频率时，能量迅速减小，在高于谱峰频率的高频域，遵守某种指数律。随着风浪成长，谱峰频率向低频移动，所有谱值增大。Pierson 于 1953 年首次提出了风浪谱模型，Neumann 则于 1953 年第一个利用观测数据给出了充分成长的海浪谱，在上述研究的基础上，Pierson 等在 1955 年发表了后人称为 PNJ 的海浪预报方法，开创了利用海浪谱进行海浪预报的新时代。Phillips 在 1958 年提出在高频域，风输入与破碎耗散达到平衡，使得平衡域风浪谱具有相似性，基于量纲分析，指出平衡域海浪谱 $S(f)$ 应与频率 f^{-5} 成正比，与海上风速无关，可以写成

$$S(f) = \alpha g^2 f^{-5}$$

这里 g 为重力加速度，α 为经验系数，需要根据观测数据来确定。Phillips 提出的平衡域海浪谱得到很多观测数据的支持，其中最为著名的是 Pierson 和 Moskowitz 于 1964 年利用北大西洋的观测数据提出的充分成长的海浪谱（后人称之为 PM 谱）以及 Hasselmann 等在 1973 年基于"联合北海观测计划"的观测数据给出的成长风浪谱，即 JONSWAP 海浪谱。这些工作明确证实了 Phillips 谱的可靠性，提出的 PM 谱和 JONSWAP 谱直到今天依然被广泛使用。另一方面，Toba 于 1972 年和 1973 年提出局域平衡的概念，认为局域风和风浪总是处于平衡状态，使得风浪成长具有内在的相似性，无因次波高和周期之间应满足 3/2 指数律，由此推断高频域海浪谱应该与风速有关，同时应与 f^{-4} 成正比，而不是 Phillips 主张的 f^{-5}。这一观点曾经饱受争议，但随着观测数据的增多，Phillips 于 1985 年重新审视了之前的工作，明确肯定了 Toba 的观点。

有趣的是，为海浪研究做出重要贡献的著名海洋学家 Phillips，原来的专业是与海洋无关的空气动力学，博士论文探讨了空气流动引起飞机颤振问题。1955 年，正在英国剑桥大学攻读博士学位的 Phillips，由于一个非常偶然的机会，参加了由当时的著名学者 Ursell 主持的一个海浪研讨会，了解到风浪生成机制一直是一个悬而未决的难题，Phillips 对此非常感兴趣，决心开展海浪方面的研究工作，两年后的 1957 年，Phillips 提出了风浪生成共振机制，与 Miles 同年提出的剪切流不稳定生成机制一起，构成了现代海浪生成机制理论的核心。1958 年，Phillips 又发表了关于风浪平衡域谱的著名论文，1960 年首次提出海浪组成波之间的非线性相互作用问题，1966 年出版了个人专著《上层海洋动力学》，该书的出版受到热烈欢迎，并于 1977 年再版。一直到今天，该书仍是学习海浪和海洋湍流的必备参考书。正是由于其一系列出色的工作，Phillips 于 1968 年当选为英国皇家学会会员，这一年他刚满 37 岁。

海浪的预报

　　由于海浪经常是灾害性的，特别是台风登陆时会引起大浪，给沿岸地区的经济财产和人员安全造成巨大损失，因此及时准确地做好海浪预报显得非常重要和急迫。人类第一次开展真正的海浪预报工作是由于战争的需要。第二次世界大战期间，为了盟军登陆作战的需要，著名海洋学家 Sverdrup 和 Munk 开展了海浪预报工作。正是基于他们的预测结果，盟军诺曼底登陆时间推迟了 24 小时。第二次世界大战结束后的 1947 年，Sverdrup 和 Munk 公开发表了他们的海浪预报方法，首次从能量平衡的观点进行海浪预报，用一个具有海浪平均波高和周期的有效波来代替具有随机性的海浪，能量平衡方程的求解归结为无因次波高和波龄随风区和风时成长的经验关系式，后来又经 Bretschneider 等进行改进，被称为 SMB 预报方法。该工作方法的发表，使海浪研究进入一个繁荣新时代，极大地推动了海浪研究进展。

　　正如我们前面所提到的，由于海浪谱的相似性，用海浪谱描述海浪比传统方法具有更大的优越性，PNJ 海浪预报方法的提出证实了海浪谱方法的可靠性，表明海浪在一般情形下可以视为线性过程，组成波之间的非线性作用可以忽略。但随后的研究表明，海浪谱所具有的相似性正是由于组成波之间的非线性相互作用的结果。非线性相互作用理论在 20 世纪 60 年代取得巨大进展，Phillips 于 1960 年探讨了三波非线性相互作用，Hasselmann 在 1961 年和 1962 年则发现四波非线性共振相互作用，它使得由风输入海浪谱平衡域的能量分别向低频和高频方向传递，向低频域传递的海浪能量，使得海浪谱峰频率不断向低频移动，而向更高频域传递的能量，则被分子黏性所耗散，所以非线性共振相互作用有效地控制着平衡域的能量平衡，从而使平衡域海浪谱保持相似性。要预测海浪谱的发展和变化，必须考虑非线性共振相互作用，这是现代海浪预报模式不可缺少的源函数项。

从能量平衡的观点，利用海浪谱传输方程进行海浪预报需要确定三个源函数项：风输入项、非线性共振相互作用项和能量耗散项。由于 Phillips 和 Miles 的理论研究以及 Snyder 等在 1981 年对风浪成长率的观测，风输入项大体可以确定，Hasselmann 提出了完整的非线性共振相互作用理论，该项的困难性在于计算量过大，超出了计算机的计算能力。海浪能量耗散主要通过波浪破碎的方式，而波浪破碎是一个强非线性过程，不仅缺少相关理论研究，而且没有可靠观测数据，在实际应用中，能量耗散项通过风浪成长经验关系的约束来调节确定。至此，风浪成长过程可以简单描述如下：风吹在海面上生成具有二维谱结构的细浪，风将能量传递给海浪，使海浪谱随时间和空间成长，非线性相互作用使能量传递到不同的谱成分，高频部分逐渐饱和，通过破碎失去能量，而低频部分继续成长，从而使海浪谱能量增加、谱峰向低频移动。

现代海浪数值预报模式经历了三个发展阶段。20 世纪 60—70 年代初，当时人们没有充分认识到非线性相互作用对海浪谱形状的重要性，通过事先给定饱和海浪谱，当海浪谱成长达到饱和谱水平时，海浪谱突然停止成长，此即所谓第一代海浪数值预报模式。随着人们对非线性共振相互作用重要性认识的深入，发展了利用参数化方法计算非线性相互作用项的第二代海浪数值预报模式。很多国家相继发展了自己的第二代模式，为了比较这些模式的优劣，1984 年，

Hasselmann 邀请多国科学家到德国汉堡联合攻关，对当时国际上 13 个第二代模式进行了比对测试，结果表明，没有一个模式能够很好地模拟不同情形下的海浪。要解决这一问题，迫切需要发展第三代海浪数值预报模式。1988 年，以工作组名义发表了第一个第三代海浪数值预报模式——WAM，该模式直接给出风输入、四波非线性共振相互作用和波浪破碎耗散等源函数项，事先不对海浪谱加任何限制，直接通过对谱传输方程积分得到海浪谱。在此基础上，考虑到海洋上波浪和海流共存的实际状况，Tolman 于 1991 年发展了适用于波－流相互作用的 WAVEWATCH 深水海浪模式，Booij 等在 1996 年则发展了考虑三波非线性相互作用的 SWAN 浅水海浪模式，可用于近岸浅水海域的海浪数值模拟。至此海浪数值预报模式基本发展成熟，根据实际需要，可选择 WAVEWATCH 或 SWAN 模式进行海浪数值模拟和预报工作。

近岸的海浪

　　海浪是一种表面重力波，一般认为其影响范围局限在水面下半个波长的水深，当水深大于半个波长时，波浪运动不受海底的影响，称为深水波浪。深水波是一种典型的频散波，波速 c 随波长 L 增大，两者之间的关系为

$$c = \sqrt{\frac{gL}{2\pi}}$$

　　海浪一旦生成，就会离开生成区向远处传播。在传播过程中，高频短波由于黏性很快被耗散掉，长波部分由于能量耗散非常小，可以在海洋中长距离传播而到达近岸浅水区，所以有时我们会发现当海上风非常小时，近岸的海浪也会非常大。

　　海浪的长波部分由于传播速度快，先于短波部分到达近岸海域，当水深小于波长一半时，海浪开始受到海底影响，称为浅水波，此时传播速度开始依赖于水深，随水深变浅而减小，当水深进一步变浅时，波速仅与水深有关，可以近似写成

$$c = \sqrt{gd}$$

这里 d 为水深。可见此时波浪不再具有频散性，不同波长的波浪以相

同的速度传播。我们可以想象这样一幅场景，在深海大洋生成的海浪，不同波长的波浪以不同的波速向近海传播，波速较大的长波最先到达浅水，波速减小，而波速较小的短波最后受到水深影响，相当于长波在浅水区等待短波的到达，从而使波浪能量聚集，波高增大、波长减小，此时不同波长的波浪以同一速度向海岸传播，最终由深度引起破碎而形成近岸流，海岸成为海浪的终结者。

当海浪从深海向近岸浅水传播时，海浪的波高增大，波速和波长减小以及水质点运动轨道变得不对称，这个过程称为变浅过程。波浪折射是由于水深变化而发生的波峰线转向的现象，沿波峰线水深不同导致波速不同，水深处的波速大于水浅处的波速，使得波峰线向水浅处转向而聚集，而水深处的波峰线会散开，直到波峰线与等深线大致平行，整个波峰线以同样的速度向海岸传播。松软海滩在波浪破碎和沿岸流的长期作用下，通常近岸的等深线与海岸线大致平行，这就是为什么我们会经常看到近岸海浪的波峰线大致与海岸线平行的原因（图2-1）。

海浪折射使得海浪发生转向，波浪在水深较浅处聚集，在水深较深处散开，使得海岬处更易受到海浪的拍打，而海湾或海港由于水深

图2-1 青岛海滨的海浪

较深受波浪的影响较小。可见深水港不仅便于大型船舶停靠，而且还会有效阻止海浪向港口内的传播。

海浪向海岸传播过程中，由于波速减小导致波高增大和波长减小，波陡增大，最终会发生由深度引起的破碎。根据海滩的坡度由小到大不同，可分为溢波破碎、卷波破碎和崩波破碎。溢波破碎发生在坡度较小、水深缓慢变浅的海滩，波峰附近破碎出现少量浪花，逐渐向下沿波面蔓延。卷波破碎发生在海滩坡度较大的情形，由于水深变化较大，波峰前侧前进速度减小，波峰后侧速度较大向前挤压，而波峰前侧速度变慢而变得铅直，进而向前翻转而破碎。当海滩坡度进一步增大时，波峰在发生破碎前基本保持形状不变，以一种具有湍流特点的水体移向海岸，水深的突然变浅使整个波峰拍打在海滩上而发生崩波破碎。崩波破碎的一个极端情形就是直立防波堤，海浪的波峰直接拍打在防波堤上而破碎，对防波堤的冲击力非常大。

从海浪开始发生破碎的地方到岸边称为碎波带。波浪在碎波带内最终由深度引起的破碎后，以几乎直立的湍流水体继续向前传播，称之为段波。由段波携带的水体最终会倾泻在海滩上，这些海水必须返回海中，一个最为快速有效的方式是以离岸流的形式返回（图2-2）。离岸流通常被局限在一个非常狭窄的水道内，方向大致与海岸线垂直且指向外海，离岸流的典型流速为 0.5 米 / 秒，最大可达 2.5 米 / 秒，大于人类最快的游泳速度。因此离岸流对游泳者非常危险，经常会造成游泳者溺亡。离岸流是美国佛罗里达州造成人员伤亡最多的自然灾害，有经验的海滨游泳者一旦遇到离岸流，不会试图逆流而上，而是沿着海岸线方向游离离岸流区，或者顺流而下，进入比较深的地方，此时离岸流会大大减弱，从而可以避免危险。

离岸流的间隔有几百米远，在离岸流之间存在较弱的向岸流，向岸流到达岸边转向形成沿岸流，沿岸流的典型速度为 0.2 ~ 0.3 米 / 秒，方向沿海岸线由大波高指向小波高处。由于沿岸流的长年冲刷作用，通常在碎波带和海岸之间形成一个水较深的区域。目前对于近岸流的生成机制还不是十分清楚，一般认为是由于沿岸方向的波高变化导致波浪诱导的动量通量，即所谓的辐射应力沿海岸线方向变化，形成离岸流和沿岸流。近岸流系对近岸泥沙输运和海岸线变迁有非常重要的意义，是近岸海洋工程必须考虑的重要因素。

图2-2　海岸附近的沿岸流与离岸流

海浪与气候

　　自工业革命以来，大量化石燃料的使用，人类排放到大气中的二氧化碳等温室气体越来越多，引起全球气候变暖，导致全球海平面上升，飓风和台风的强度和出现频度增大。如何减排和控制气候变暖是一个亟待解决的问题。占地球表面积 71% 的海洋通过吸收和储存热量以及温室气体，对气候变化起着至关重要的作用。最近的研究表明，近年来气候变暖增加热量的 93% 和人为排碳量的 28% 被海洋吸收。海洋有效减缓了地球变暖的速度。

　　为了评估海洋在全球气候变化中的作用，需要准确估算通过海－气界面的各种通量，因为海洋吸收热量和温室气体均是通过海－气界面的各种交换过程进行的，这些通量包括动量、热量和物质通量，交换过程的快慢与海－气界面附近的湍流强度有关，湍流越强，交换速度越快。影响海面附近湍流强度的因素很多，海上风是最主要的驱动因素，其次有海浪、大气稳定度、降雨等。动量、热量和物质等湍流通量可由测定相关物理量脉动，通过涡动相关法来直接得到。这种方法对观测仪器要求比较高，且不适宜大范围使用。在实际应用中，为了方便，各种湍流通量用所谓的块体公式来估算，它们均与海上风速相联系，例如，海－气界面动量通量，即海面风应力 τ 的计算公式为

$$\tau = \rho C_{\mathrm{D}} U_{10}{}^2$$

这里 ρ 为空气密度；C_{D} 为拖曳系数。显然，一旦给定拖曳系数，利用常规观测的风速就可以计算海－气界面通量，因此估算海面风应力的研究重点是如何确定拖曳系数。早期研究中认为拖曳系数为常数，典型值为 1.5×10^{-3}，之后的研究发现拖曳系数不仅随风速线性增大，而且还依赖于风浪成长状态。然而如何依赖风浪状态则存在两种矛盾的观点，一种认为拖曳系数随风浪成长而增大，另一种则认为随风浪成长而减小，直到今天这依然是一个悬而未决的问题。另一方面，利用在飓风上空投放的探空气球观测数据，Powell 等于 2003 年在《自然》杂志发表文章，指出低中风速时拖曳系数随风速增大，当风速等于 33 米／秒时，拖曳系数达到一个最大值，之后随风速增大而减小。他们认为这是由于在高风速下，强烈的波浪破碎和风直接将波峰撕裂，在海面上形成大量的海洋飞沫，这些覆盖于海面的泡沫有效降低了海面粗糙度，从而使拖曳系数减小，随后在实验室和外海观测到同样的现象。与此同时，海面上的大量飞沫会直接与大气交换热量，有研究指出海洋飞沫会显著提高海洋传递给大气的热量，而拖曳系数减小会使热带气旋由于海面拖曳减弱而减少能量损失，从而有助于台风和飓风的形成和发展。海洋对温室气体的吸收一直是一个研究热点问题。研究表明气体交换速度随海上风速增大而增大，但对于如何依赖于风速尚存在争议，同时对海浪如何影响气体交换过程远没有达成共识，缺少现场观测和理论研究。可见，如何准确刻画海浪在海－气界面交换过程的作用变得非常重要，它直接影响到各种通量的估算，进而改变海洋和气候模式对未来的预测结果。

海洋混合一直是非常热门的研究课题。由于海面附近的风应力搅拌和海面冷却造成的强烈对流，海面附近的海洋湍流非常强，而海面湍流的强烈垂直混合作用，使得海面附近一定深度内海水的温度和盐度非常均匀，形成所谓的海洋混合层，在热带和中纬度地区，海洋混合层的深度为 20 ~ 200 米，存在日变化和季节性变化。海洋混合层在大气海洋相互作用中起着非常重要的作用，它同时也是了解厄尔尼诺、南方涛动、温室气体引起的地球变暖等过程的关键因素，人们对此进行了大量研究。一个好的海洋模式必须能够准确模拟海洋混合层深度和海表温度，但研究表明，目前的海洋模式存在一个共同的缺陷，模拟的夏季混合层深度比观测值偏小，很多研究者将此归因于忽略波浪破碎生成的湍流的结果，试图在模式中加入波浪破碎对海洋混合的影响，使海浪对大尺度海水流动产生影响。

众所周知，海浪是一种小尺度运动，对海水运动的影响局限在海面附近，然而，Langmuir 环流的出现似乎改变了这种观点。研究发现，当海面上存在风浪时，在海面下存在有组织的涡，其涡轴与风向平行，涡向沿风向或反风向交错排列，后人称为 Langmuir 循环。当海面上有漂浮的海藻或油斑时，沿着风向形成很多条大致平行的窄带，表面流在此处汇聚下沉，这些窄带的间隔从 2 米到 1 千米不等，长度通常是其间隔的 3 倍到 10 倍以上。关于 Langmuir 循环的生成机制目前还不十分清楚，但可以确定的是与海浪密切相关，一般认为是由海浪导致的 Stokes 漂流与海面附近的铅直剪切流相互作用的结果，特别是 Langmuir 环流在低风速下更易于形成，从而可以有效增强低风速时的海面附近的海水混合，直接影响海洋混合层，因此，Langmuir 环流对海洋混合、海气交换过程以及气候变化产生重要影响，是目前的一个研究热点问题。

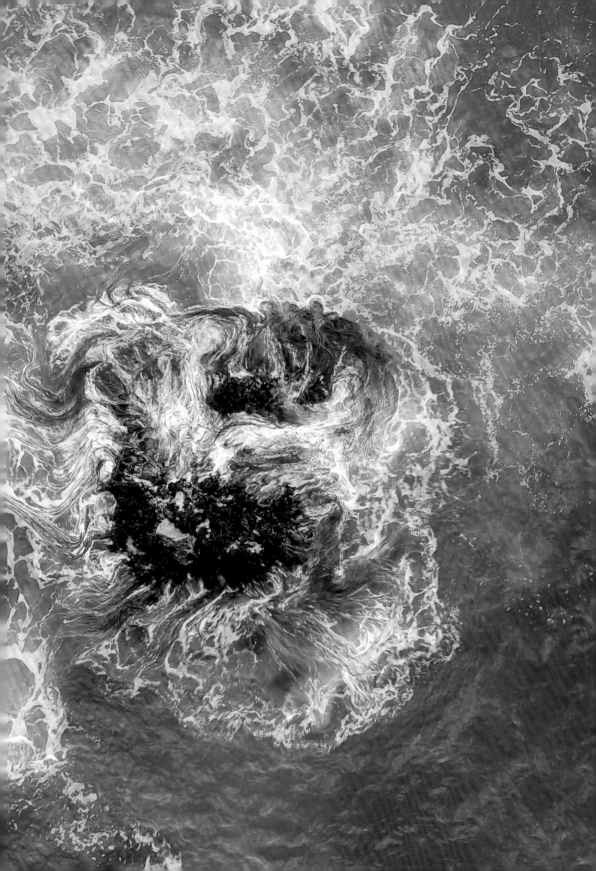

第三章

海洋中小尺度动力过程
——能量的平衡

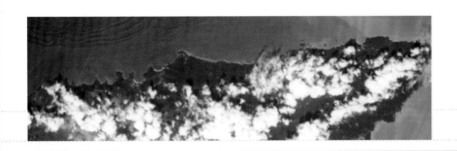

中尺度涡的发现

也许你没有亲眼见过龙卷风，但肯定听说过。空气高速旋转，席卷大地。其实，海洋中也有龙卷风般的存在，它就是海洋中尺度涡。在早期海洋学的认知中，人们认为海洋中主要是缓慢、连续而均匀的内区大尺度洋流和快速流动的边界流；但是，当观测手段足以分辨中小尺度海洋现象时，海洋的湍流属性开始呈现：人们发现海洋中尺度涡几乎覆盖了全部海洋（图 3-1）。它们"高速"旋转（图 3-2），主

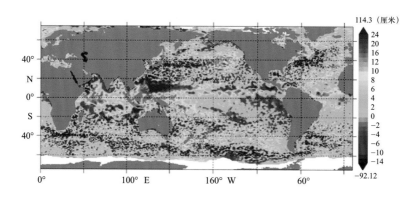

图 3-1　基于法国海洋卫星数据归档标定中心（AVSIO）发布的卫星高度计资料绘制的 2013 年 8 月 7 日的全球海表面高度异常空间分布

宰着海洋上层的能量。只是因为海水密度比空气大得多，所以海洋中的"龙卷风"与大气中的龙卷风又有所区别，这是给"高速"打上引号的原因。

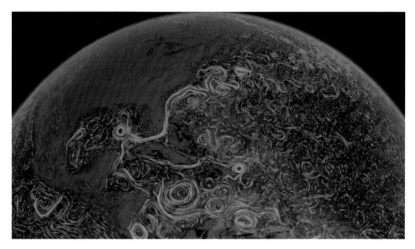

图 3-2　美国国家航空航天局（NASA）基于 ECCO 模式（Estimating the Circulation and Climate of the Ocean）模拟的海洋表层流场

第一个提到"海洋涡旋"（Eddy）的人是本杰明·富兰克林（Benjamin Franklin）（1706—1790）的侄孙乔纳森·威廉姆斯（Jonathan Williams）（1750—1815）。本杰明·富兰克林在墨西哥湾流的研究中贡献了卓越的力量。1785 年，在本杰明·富兰克林进行湾流研究的航程中，他的侄孙乔纳森·威廉姆斯同行，并负责测量海水温度。乔纳森·威廉姆斯更执着于海温计在船只导航方面的运用，他在1793 年发表的研究报告中首次提到，湾流两侧的海温呈现出"涡旋"结构。

20 世纪 50 年代，人们已经开始关注近岸的海洋中尺度涡，如夏威夷群岛背风处的涡旋；对大洋中尺度涡，特别是直接针对湾流流环的观测，则开始于 20 世纪 60 年代。当人们发现中尺度涡越来越重要和有趣时，各国海洋学家于 20 世纪 70 年代在北大西洋组织了一系列系统的大型观测试验，如 1970 年苏联的"多边形试验"（POLYGON）、1973 年美英合作的"中大洋动力学试验"（MODE）和 1975 年美苏主打的"POLYMODE"试验。人们通过锚定设备、航次观测和漂流浮标首次获得了北大西洋中尺度结构的物理场，确认了大洋中尺度涡的存在并对其特征进行了描述。自 20 世纪 80 年代至现在，随着卫星技术的发展，高度计、海表温度遥感、水色遥感等长时间、大范围、准同步的观测手段在海洋中尺度涡的研究中得到广泛应用，海洋学家借助上述高新技术揭开了海洋中尺度涡的面纱，获取了中尺度涡的空间分布、水平尺度、移动速度等重要特征。

　　图 3-3 至图 3-6 分别显示了同一时期湾流区海表面高度异常、地转流异常、海表温度和海表叶绿素浓度的水平空间分布，我们可以在这些要素的空间分布中清楚地看到"蛇行"的墨西哥湾流流轴和旋转的中尺度涡。从概念上来说，海洋中尺度涡是指海洋中气旋式或反气

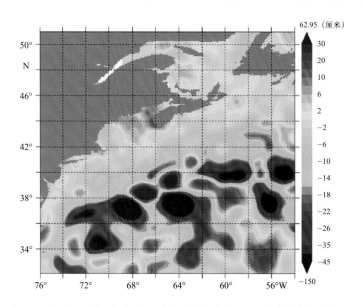

图 3-3　基于法国海洋卫星数据归档标定中心（AVSIO）发布的卫星高度计资料绘制的 2005 年 4 月 20 日的湾流区海表面高度异常空间分布

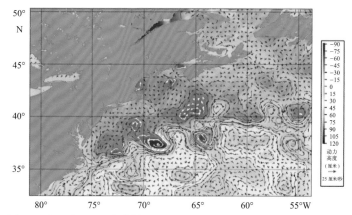

图3-4　基于多卫星融合资料得到的 2005 年 4 月 18 日湾流区表层地
转流异常的水平空间分布

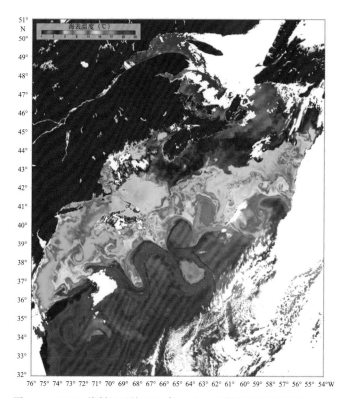

图 3-5　MODIS 资料显示的 2005 年 4 月 18 日海表温度空间分布

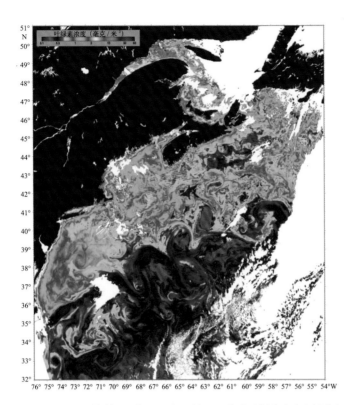

图 3-6　MODIS 资料显示的 2005 年 4 月 18 日海表叶绿素浓度空间分布

旋式的地转尺度漩涡，其因满足准地转平衡而具有相对稳定的旋转结构，水平空间尺度为十千米至百千米；同时，大洋中尺度涡一般能持续地以每天若干千米的速度水平移动，生命周期的时间尺度为十天至百天。中高纬海区中尺度涡的最大旋转速度往往大于其平移速度，即中尺度涡一般具有强非线性，而强非线性决定了中尺度涡在其平移的过程中能够裹挟水团随之前进，这一点是中尺度涡有别于不能携带质量的线性罗斯贝波的原因，也是它与龙卷风的相似之处。但是，海洋中尺度涡与龙卷风的最大区别在于：第一，无论南北半球，中尺度涡都可以气旋式和反气旋式旋转，而龙卷风都是气旋性的；第二，海洋中尺度涡的旋转速度一般在 10 厘米 / 秒的量级，最高可达 1 米 / 秒左右，虽然比空气中的龙卷风要慢得多，但也是海洋中比大尺度平均流更快的运动。

根据对卫星资料的分析，海洋学家发现全球大洋中均可以发现海洋中尺度涡的存在、生成和消亡（除了赤道带、北太平洋的东北部分和南太平洋的东南部分），在几个主要的强流流系内中尺度涡活动异常活跃，如黑潮延伸体、湾流延伸体、厄加勒斯回流和南极绕极流。中尺度涡活跃的区域，一年当中可以有 4 ~ 6 个中尺度涡经过同一位置，影响当地的海表面高度变化。较强的中尺度涡可拥有 10 厘米或以上的海表面高度起伏，水平半径可达百千米，存活半年之久并能在洋面上移动近千千米。据统计，气旋涡稍稍多于反气旋涡，长距离移动和长生命期的中尺度涡则多是反气旋涡。气旋涡往往伴随着等密面和等温面的抬升，其中心区的水温低于涡外海域的水温，故气旋涡也称为冷涡，反气旋涡则相反。大部分中尺度涡向西移动，向东移动的中尺度涡仅存在于东向强流的区域内；中尺度涡的西向移动速度随纬度升高而减慢，南、北纬 20° 左右的中尺度涡可以 10 厘米 / 秒的平均速度西移，而南、北纬 40° 左右的中尺度涡平均每秒向西移动两三厘米；除南、北纬 20° 以外，中尺度涡的最大旋转速度往往大于其平移速度。

那么海洋中为什么会有这么多涡旋呢？经过对中尺度涡机理的研究，海洋学家认为：中尺度涡的生成主要依赖于流场的不稳定，黑潮和湾流延伸体内流轴两侧的中尺度涡就是从不稳定的流场中脱落而来；也有部分中尺度涡的生成归因于局地风应力的强迫。决定中尺度涡持续存在和旋转的主导机制则是地转平衡：当中尺度涡的水平半径大于当地罗斯贝变形半径时，中尺度涡海表起伏所维持的水平方向压强梯度力与中尺度涡水平旋转运动而产生的科氏力相平衡（图 3-7），这种准平衡态和中尺度涡的非线性效应维持了中尺度涡较长的生命周期，使得水团在中尺度涡内旋转一周的时间小于中尺度涡存活的时间。

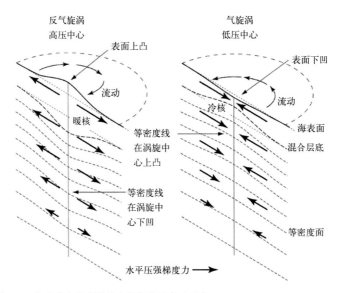

图 3-7 北半球中尺度涡基本结构的示意（引自 Robinson I S, 2010. Discovering the ocean from space.Berlin: Springer-Verlag.）

作为海洋中的"龙卷风"，中尺度涡对海洋物质和能量的分配，对流场和环境场的改变，对与其相伴随的其他动力过程均有着十分重要的影响。第一，卫星资料的分析显示地转涡场的动能占据了表层流场动能的绝大部分，这说明中尺度涡既是全球大洋能量收支中的重要角色，也是能量从大尺度向小尺度级串过程中的重要一环；第二，中尺度涡能够因其旋转和经向移动在经向输送热量，进而影响气候变化；第三，中尺度涡也因其非线性而裹挟水团输送物质，改变涡场影响下的水团特性、地球生物化学特征、初级生产力；第四，中尺度涡可与其他海洋过程发生相互作用，比如涡流相互作用、涡与风场的相互作用、涡与内波的相互作用、影响惯性振荡、影响垂向混合等。

正是因为中尺度涡是开放系统，同时受限于涡场观测资料的稀缺，海洋学家依旧对中尺度涡及其产生的效应十分好奇，相关研究远未完备，比如，中尺度涡的垂直结构和其在深海的影响并不明晰。早期人们认为，海洋垂向运动很弱，涡场具有二维湍流的性质，预示着中尺度涡局限于海洋上层；但随着观测技术的进步，人们发现海洋上层中尺度涡能够穿透层结而影响深海，或者可以在深海直接生成。目前，针对中尺度涡深层结构和潜在影响的研究已有所开展，但对于揭示不同海区不同地形条件下深层中尺度涡的结构、行为和相应效应还远远不够。

海洋内波

在广阔的海洋中，除了有海面上为人熟知的风浪外，在海洋内部还存在着另一种神秘莫测的巨浪，它们的振幅可高达上百米，约 50 层楼高，波长长达数百千米。它们神出鬼没，难以触摸，以致多年来都无法揭开它们的神秘面纱。

海洋内波以及海洋内波的发现

顾名思义，内波就是发生在流体内部的一种波动。但并不是所有流体都可以形成内波，只有在密度稳定分层的流体中才可以形成。在日常生活中，最常见的内波是大气中的内波，如大气中滚筒状排列有序的透光高积云就是大气内波造成的（图 3-8）。大气内波上下运动时，在大气上升处，水蒸气向上运动，温度降低，容易凝结成云；在大气下降处，水蒸气向下运动，温度升高，水蒸气不易凝结成云；因此在天空中形成一道道排列整齐、云块之间有明显缝隙的高积云。

在海洋的内部同样存在内波，称为海洋内波。从内波被发现到现

图3-8　透光高积云（引自《中国云图》）

在已经有一个多世纪，最早对内波现象进行描述的是挪威北极探险家弗里乔夫·南森，1893 年他在北极探险对内波所造成的死水现象进行了描述。内波的理论研究比观测早半个世纪，1847 年，斯托克斯研究两层不同密度流体之间（上层密度小，下层密度大）的界面波；1883年，瑞利研究了连续层结流体的内波，将波动理论做了重大的延伸。由于观测仪器的限制，海洋内波的观测起步较晚，但从 20 世纪 40 年代起，各种测量仪器的发明以及测量仪器的测量精度和采样频率不断提高，使得对内波的直接观测成为可能。资料处理方法的发展，尤其是谱分析技术，更是推动了人们对内波的认识，使内波的研究进入一个新阶段。60 年代后期至 70 年代前期为大洋内波研究的迅猛发展时期，各种理论模型也在这一时期形成，最为人知的是由 Garrett 和Munk 在 1972 年提出的大洋内波谱模型（GM 模型），该模型得到了人们的广泛认同，成为内波资料分析的准绳和进一步开展理论研究的出发点，因而被誉为内波研究的里程碑。

海洋内波来自何方，又要去向何处

海洋内波的形成至少需要两个基本条件，一是密度层结稳定的海水，这是内波形成的基本环境；二是有扰动源，以提供扰动能量。在实际海洋中，大部分的海域，除了上层的混合层之外，都是密度层结比较稳定的，能满足海洋内波生成和传播的基本环境。那么扰动源又是从哪里来的呢？一般认为的扰动源有风、潮汐、表面浮力强迫和海底地热。后两者对海洋内波形成的贡献较小，几乎可以忽略，海洋内波的扰动源主要是风和潮汐。海表层在风的驱动下产生近惯性振荡，这些处于混合层的近惯性振荡并不是内波，但振荡的能量通常会泄漏到密度层结的下层，从而产生接近于惯性频率的海洋内波。海洋内波的另一个扰动源是潮汐，潮汐从月亮和太阳获得大量的能量，往回的潮流与大洋中脊大陆架等粗糙海底地形相互作用而产生内潮，这些具有潮汐频率的内潮向海洋内部传播形成了海洋内波。

源区的近惯性波和内潮是如何传播出去的呢？这就把我们带到内波的最显著特征：与海面风浪不同，内波能量可以在三维空间传播。造成该差异的主要原因是传播环境的密度层结不同，海面风浪是在海水和空气的界面传播，空气和海水的密度差异非常大，巨大的恢复力将海面风浪限制在海表面，能量也就只能在海表面传播。而内波是在海洋内部传播，海洋内部的密度层结小而且缓慢变化，内波的能量可以水平传播也可以垂直传播，研究表明有 15% ～ 50% 的能量从源地传播到其他海域。

风驱动和潮汐与海底地形相互作用形成大量的内波，那么这些能量的内波到底又去到哪里了呢？研究表明内波在海洋内部发生破碎，最终以热量的形式耗散掉，内波破碎引起的湍流混合对全球经圈翻转环流起到重要的作用。在高纬度地区，特别是在南大洋，温度极低，水的密度变得很大而下沉，如果没有其他因素的影响，冷和密度大的海水会慢慢填满整个盆地，一直到阳光照射的表层。但实际观测到的

物理海洋：源远流长的奥秘

Physical Oceanography Long and Profound Stream

温度随深度是缓慢变化的，这种温度结构主要是上涌的冷海水与上层的暖海水混合造成的。全球需要约 2 太瓦（1 太瓦 =10^{12} 瓦）的能量（相当于约 1000 个大型电站）以维持海洋混合，这些能量一半是来自潮汐，一半是来自海表面的风。图 3-9 是海洋内波形成、传播和耗散示意图，在海面和海底产生的内波传播到海洋内部，在各种机制下产生周期和振幅更小的波动，这些波动在背景剪切流下很容易产生剪切不稳定和对流不稳定而形成湍流，一直到达黏性尺度，最后以热量的形式耗散。

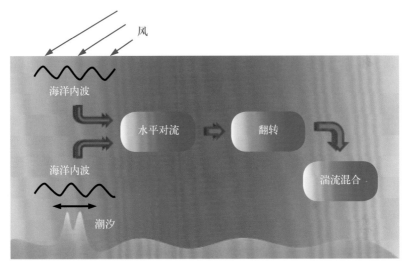

图 3-9　在海面和海底产生的内波传播到海洋内部，并在海洋内部破碎成更小尺度的波动。在这过程中产生的混合影响到环流、热量输送和养分的分布。数十米的水平剪切湍流可以产生 1 米的密度翻转和厘米级的湍流混合

如何观测海洋内波

海洋内波是一种有趣的现象，它们隐藏在海洋内部，无处不在。那么海洋内波能否可以被观测到呢？答案是肯定的，海洋内波虽然神出鬼没，但在传播过程中也会在海表面产生一些"痕迹"，这些"痕

迹"可以被卫星观察到。下面我们通过一张简单的示意图来说明海洋内波是如何被观测到的,图 3-10 给出了内波在海洋内部传播的示意图,箭头表示海流的方向,波浪线表示海表面的粗糙度。内波本身并不像海面风浪那样会引起海面高度的变化,但它们可以在海表面产生一个不断变化的水平流,该水平流与海面风浪相互作用直接导致海表面的粗糙度各异。在同一层中波峰与波谷处的流向相反,直接导致了水质点的辐聚与辐散,在辐散区海流把海面上的小重力波拉平,海表面变得相当光滑;在辐合区表面海流将小重力波聚集,海表面变得相当粗糙。正是因为这些粗糙度不同在海面形成明显的条形分布图案,从而被卫星观测到。

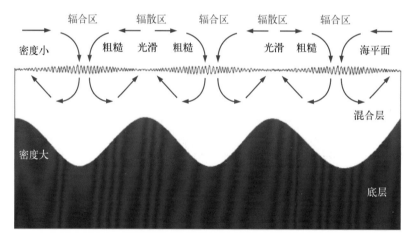

图 3-10 线性内波在海洋内部传播的示意,箭头表示海流的方向,Bragg 波的振幅表示海面的粗糙度,粗糙的海面能被卫星所辨别

图 3-11 是由国际空间站于 2013 年 1 月拍摄到的海洋内波,这些弧线就是海洋内波在海表面产生的"痕迹"。该照片显示出了至少三组内波在相互作用,最突出的一组内波(图像左中部)随着潮汐从西北向南部移动,在远海还有两组不太明显的内波。这些内波可能是在

附近的陆架坡折区（图像顶部外右侧）产生的。陆架的坡折区是浅海和深海的连接处，也是潮汐与地形相互作用产生内波的区域。

图3-11 卫星所拍摄到的内波，由国际空间站摄于 2013 年 1 月（引自 http://earthobservatory.nasa.gov/IOTD/view.php?id=80337）

海洋内波的重要性及其危害

　　海洋内波虽不像海面波浪那样汹涌澎湃，但它隐匿水中，神出鬼没，威力巨大，常使人们防范不及，故有"水下魔鬼"之称。海洋内波的运动会使海水形成上下两支流向相反的内波流，这种内波流速可高达 1.5 米／秒，犹如剪刀一般，破坏力极大。如果海洋中有结构物如钻井平台的柱子等，在分层的地方就会受到非常大的扭力。加拿大戴维斯海峡深水区的一座石油钻探平台，就曾遭内波袭击而不得不中断作业。大振幅内波引起的等密度面快速大振幅上下起伏对潜艇是一种巨大的威胁。若潜艇处于这种等密度面处，则它们将随等密度面的起伏而上下运动或骤然地上浮或下沉，使潜艇难以操纵。1963 年 4 月

9 日，美国潜艇"长尾鲨"号在一次海上试验时失事罹难，潜艇上的 129 名艇员丧生海底。事后科学家查明，"长尾鲨"号失事原因是潜艇遇到了强大的内波（内孤立波），强大的内波将潜艇拽下海底，并超过了潜艇的极限深度，最终潜艇因承受不了巨大的压力而破碎。

海洋内波不仅对海洋中的结构物和航行物产生巨大的威胁，对海面上行驶的船也会产生极大的阻力，在航海术语中称为遇到了"死水"。1893—1896 年北极探险过程中，探险队的弗里乔夫·南森发现船只莫名其妙地减速，仿佛被一种神秘的力量拖住。后来，科学家研究发现原来是海洋内波在作怪，船舶在运动过程中在稳定层结的海域产生了内波，大量的能量消耗在产生内波上，使得船舶看起来就像是在上坡行驶，一艘 1000 吨的船能感觉到内波给它一个 20 吨的阻力。

尽管海洋内波对人类的经济活动具有极大的破坏作用，但海洋内波现象也并非全无是处。在海洋中富含有营养的物质会慢慢沉入海底，海表层虽有阳光，但缺乏营养物质，浮游植物仍无法通过光合作用大量繁殖，因此也无法建立食物链而形成大型的渔场。内波对渔场的形成起到重要的作用，内波的运动及破碎在引发海水剧烈翻搅的同时，也把深海处低温且富营养盐的海水带到海表层，吸引浮游生物聚集成长，形成天然粮仓。大部分的渔场都是在有涌升流的海域，比如南美洲的秘鲁渔场，上涌的海流将深海的营养盐类带到表层，促使浮游生物大量繁殖生长，为鱼类提供了充足的饵料，因而形成世界级的大渔场。

由此可见，海洋内波有利也有害，我们应该趋利避害，充分认识和利用海洋内波，才能使海洋内波造福于人类。

海洋锋面

　　海洋表面分布着弯曲的锋面网络，海洋锋面实际上是不同海流系统或者水团交汇的界面，它们可用温度、盐度、密度、速度、水色、叶绿素等要素的水平梯度来描述。在锋面附近具有强烈的水平辐合（辐散）和垂直运动，因而是不稳定的，其中存在着逐渐变性的过程和各种尺度的弯曲。对锋面的物理、化学、生物和声学等方面性质的研究，是研究海洋锋的基本内容。海洋锋界面上水体的空间、时间变化，使得那里的对流、平流和湍流运动发生变化，如此会对海水的温度、盐度、密度、海水稳定度等产生直接的影响；锋面附近海域，常常伴有海水逆温现象，那里的海水稳定性小，海面附近的海气通量，比如动量、热量、水汽等质量和能量的交换变得异常活跃，所以海上风暴也容易在锋面附近形成。水下声学通信会受海洋锋附近水文状况异常的干扰，受到研究水下反潜等专家们的重视。同时，锋面区域特殊的物理过程，往往使得锋面区富集与海洋产业活动密切相关的各种物质，如营养盐、叶绿素、浮游生物等，因此其在海洋渔业生产和环境保护方面有重要意义。

　　海洋锋面系统分布在世界大洋的各个海域，其空间尺度可以从局地的小尺度到行星尺度，存在于海洋的表层、中层和近底层，大致可分为如下几种类型。

（1）与大洋表层埃克曼输送辐合区有关的行星尺度锋。它们与全球气候带的划分和大气环流有密切关系。比如太平洋中的赤道无风带盐度锋、亚热带锋、南极锋等都属于这种类型。这里南极锋的分布与南大洋的海底地形有一定的联系。

（2）强西边界流的边缘锋。比如黑潮、湾流等由于热带的高温高盐水向高纬度输运形成斜压性强的锋面。

（3）陆架坡折锋。这种锋的方向与陆架边缘平行，出现在大陆架沿岸水和高密度的陆坡水之间的过渡带。在中国沿海就有这类锋。

（4）上升流锋。由于沿岸风应力有关的表层埃克曼离岸输送的结果形成沿岸上升流区，出现倾斜的密度跃层。比较著名的秘鲁西海岸上升流区就存在这种类型锋面。

（5）羽状锋。出现于河流，比如长江、黄河、亚马孙河等入海口沿岸水域的边界处。

海洋锋面得以形成重要的物理驱动力是那些与海－气交换有关的力，其中包括行星式与局地风应力、热量（海面的增热与冷却）、水（蒸发与降水）的季节性和行星式的垂直输送。其他的一些过程，其中包括河流的淡水输入，潮流与表层地转流的汇合和切变，因海底地形与粗糙度引起的湍流混合，因内波与内潮切变所引起的混合和因弯曲引起的离心效应等，也是海洋锋生成的驱动力。

海洋双扩散

　　温度和盐度对海水的密度有着相反的贡献作用。海洋中有两大类温度、盐度的组合可以使得海水层结处于稳定状态：一是随着深度增加，温度降低，盐度升高；二是随着深度增加，温度、盐度同时升高或降低。第一种情况是随着深度增大，温度、盐度共同贡献于密度的增加；第二种情况下，其中处于不稳定状态的要素通过释放势能，使得整体的密度层结仍然可以保持静力稳定状态。其中，后者就被称为双扩散现象，这种现象最先是在实验室中被观察到，之后又在现实海洋中被观测到。

　　海洋双扩散是一种小尺度过程，它是由热盐扩散差异（分子热传导系数比分子盐扩散系数大两个量级）所导致的一种对流现象，其表现形式通常有两种：当暖而咸的海水叠置在冷而淡的海水之上时，会发生"盐指"（salt fingering）；相反，当冷而淡的海水叠置于暖而咸的海水之上时，则发生"扩散对流"（diffusive convection）。海洋现场观测表明，在发生双扩散的海域中，其温度和盐度廓线中通常会形成台阶状的结构（图3-12），称为温盐台阶。双扩散温盐台阶由混合层和界面组成，混合层内温度和盐度几乎均匀不变，而在界面内存在很大的温度和盐度梯度。

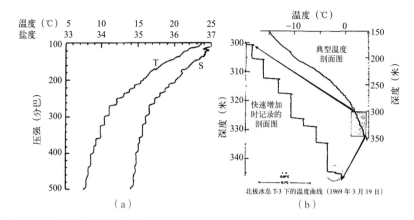

图 3-12　现场实测得到的温盐阶梯结构

（a）盐指［引自 Schmitt R W, 2003. Observational and laboratory insights into salt-finger convection. Progress in Oceanography, 56(3–4): 419–433. ］；（b）扩散对流（引自 Neal V T, Neshyba S, Denner W, 1969. Thermal stratification in the Arctic Ocean. Science, 166: 373–374. ）

在双扩散研究中，一个方便而广泛采用的参量为密度比（density ratio），其定义为 $R_\rho = \alpha\theta_z / \beta S_z$，$\alpha = -\rho^{-1}\partial\rho / \partial\theta$，其中 α 为热膨胀系数，β 为盐收缩系数，θ_z 和 S_z 分别为垂向的温度和盐度梯度。当 R_ρ 接近 1 时，盐指与扩散对流强度都相应达到最大，其温盐台阶的特征也越明显。

对盐指而言，界面之上是高温高盐的海水，界面之下是低温低盐的海水，因而产生了向下的盐通量和向下的热通量［图 3-13（a）］。由于盐指界面产生的是手指状的水块，大部分的热量是从侧向扩散，传输的热通量远小于盐通量，联合效应导致了向下的密度通量［图 3-13（b）、图 3-13（c）］。海洋中很多地方具备发生盐指现象的良好条件，例如：地中海流出的高盐水在大西洋中形成的"盐舌"区、热带北大西洋的西部和副热带涡旋的"中央水"区以及我国的南海北部陆坡区。Inoue 等于 2007 年在黑潮与亲潮混合区也观测到明显的盐指现象。自盐指现象被发现以来，很多学者研究过盐指现象对海洋内部混合的影响。近 20 年，在发生双扩散现象的海区进行的微结构的直接观测更客观、深入地说明了分子尺度（厘米量级）的双扩散过程通过对不同水团的有效混合进而影响着更大尺度的海洋过程。

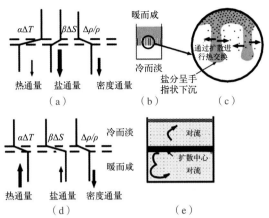

图 3-13 双扩散示意 [引自 Barry Ruddick, Ann E. Gargett, 2003. Oceanic double-infusion: introduction. Progress in Oceanography, 56(3-4): 381-393.]
（a）至（c）盐指；（d）至（e）扩散对流

　　在扩散对流中，界面之上是低温低盐的海水，界面之下是高温高盐的海水，向上的热通量和向上的盐通量（热通量远大于盐通量）的联合效应，导致向下的密度通量［图 3-13(d)］，进而引起自由对流［图 3-13(e)］：由于分子热传导系数远大于分子盐扩散系数，界面之上的低温低盐海水因受热较快而增温上升，界面之下的高温高盐海水因失热较快而冷却下沉。这样的自由对流运动能够促进水层中的海水混合，使得温度和盐度的垂向分布呈现出多层阶梯状结构。分子扩散和对流共同增强了阶梯中的垂向通量，其中，分子扩散引起穿越界面的通量，而对流引起从一个界面向另一个界面的通量。扩散对流要求下层海水的温度高于上层海水的温度，这种温度"不稳定"的铅直分布主要发生在高纬度海域（例如北冰洋，威德尔海）和黑海。北冰洋是存在扩散对流现象的典型海域。Neal 等于 1969 年首次发现北冰洋存在扩散对流现象。Padman 等于 1987 年研究了加拿大中央海盆的双扩散台阶结构，发现台阶混合层厚度为 1 ~ 2 米，混合层之间存在着厚度为几厘米的界面，根据热通量经验公式，双扩散阶梯的垂直向上热通量仅为 0.02 ~ 0.1 瓦 / 米^2，说明双扩散台阶严重地抑制了向上的热量输送，在北冰洋海域中形成了海冰冻结的热环境，对北极的气候乃至全球的气候系统具有显著的影响。

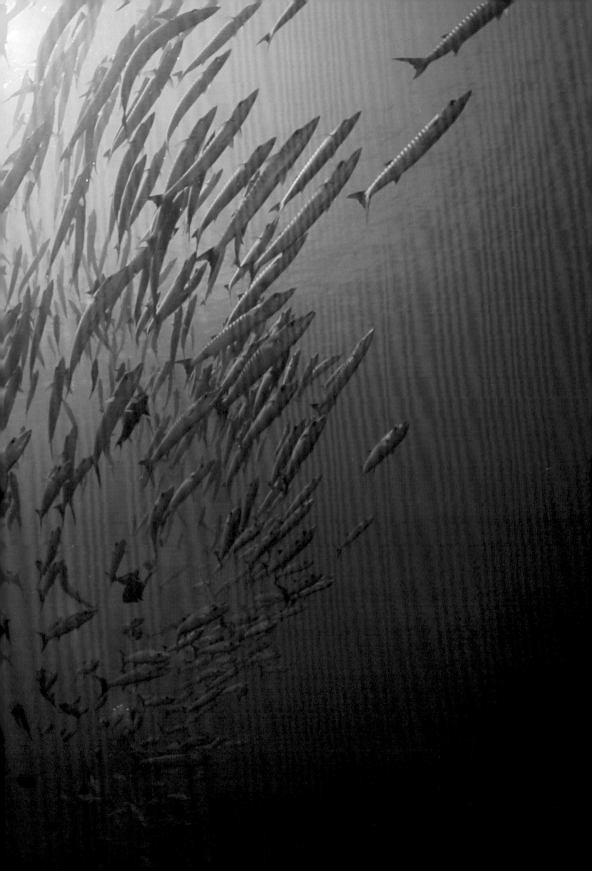

第四章

大洋风生环流
——生生不息的运动

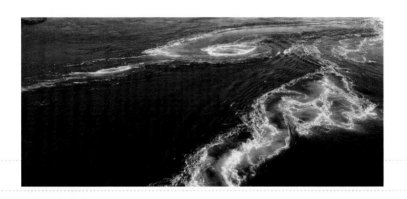

谁发现了海洋环流

　　海流是海水因太阳辐射、蒸发、降水、降温冷却等而形成密度不同的水团，再加上风应力、地转偏向力、引潮力（风应力和地转偏向力会在下文详细介绍）等作用而产生的大规模长期相对稳定的流动，它是海水的普遍运动形式之一。海流首尾相接构成一个环路，如同圆环一样，所以被称作海洋环流（图 4-1）。海洋环流像人体的血液循环一样，把世界大洋联系在一起，使整个世界大洋得以保持其各种水文、化学要素的长期相对稳定。在 300 ～ 1000 米以上的海洋上层，

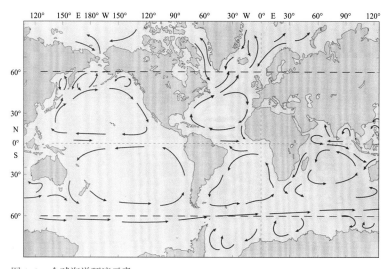

图 4-1　全球海洋环流示意

海流多是由强劲而稳定的风刮起来的，这种由风直接产生的海流称作"风海流"，也有人称作"漂流"。由于海水密度分布不均匀而产生的海水流动，称为"密度流"。密度流多数分布在海洋的中下层，同样构成各种环路，最长的环路被称作"热盐输送带"，1000多年才完成一次循环。

人类驾驭海洋的历史就是人类认识海洋环流的历史：波利尼西亚群岛的居民在公元前 4000 年就可以在海上利用海流远距离航行；公元前 325 年人类就可以从意大利航行到挪威；在中世纪之前阿拉伯人已经学会利用印度洋的季风和信风以及海流的变化实现从中东到中国的往返航行；中世纪以后（1500—1700 年）欧洲的航海家们通过不断的探险航行积累了许多对海流的知识，发现了一些利用风向和海流的贸易航线，比如西班牙到菲律宾的航线，同时还发现了一些重要海流，比如西边界流，通常认为海洋环流在此段时间才被系统地认识，并被利用。

例如，1525 年，阿尔瓦罗·德·萨维德拉（Álvaro de Saavedra）率领一支探险队从墨西哥出发向西航行到菲律宾，一路很顺利。尔后，他又命令船队沿原来的路线再返回，探险队经过四次尝试，试图向东再横越太平洋返回，结果均以失败告终，风和洋流总是毫不客气地把船向西推回到印度尼西亚。他们的这一尝试，前后持续了 2 年时间，都未成功，最终在 1529 年的一次飓风中船沉人亡。

从太平洋西部到东部的航行，一直到 1565 年，才由安德列斯·乌尔塔奈塔（Andrés de Urdaneta）完成。然而，他之所以能完成这一航行，主要是选择了一条巨大的弧形航线。他从太平洋西侧经日本向太平洋北部航行，发现这里有一股自西向东的强大的洋流，从太平洋西部经日本列岛和阿留申群岛南侧流到北美洲的西海岸。这就是著名的黑潮。这样就开辟了从亚洲到美洲的海上航路：借助黑潮、北太平洋海流，可从亚洲到达北美洲的西海岸，然后再从北美洲的西海岸顺着北赤道洋流到达亚洲。他们的路线就是最著名的北太平洋副热带环流系统，此系统包含北赤道流、黑潮、北太平洋流、加利福尼亚寒流。

此后，阿尔瓦罗·德·孟丹努厄·德·雷瓦拿（Álvaro de Mendana de Neira）在 1567 年位于南美洲的秘鲁出发向西航行，并发现了所罗门群岛和图瓦卢群岛。然而，他也不能顺原路返回南美洲西海岸，不得不先向北再向东航行，期间绕道北马绍尔群岛和威克岛，最终抵达墨西哥。这就表明，在赤道南侧的南太平洋，自西向东的航行，也是相当困难的。这些探险活动，揭示了大洋环流的方向，人类进一步认识了海洋环流。

如今，人们的生活已经离不开海洋环流，人们利用海流本身的性质，正在不断地开发和利用海洋。

海流对海洋中多种物理、化学、生物和地质过程以及海洋上空的气候和天气的形成及变化，都有影响和制约的作用。

（1）暖流对沿岸气候有增温增湿作用，寒流对沿岸气候有降温减湿作用。

（2）寒暖流交汇的海区，海水受到扰动，可以将下层营养盐类带到表层，有利于鱼类大量繁殖，为鱼类提供饵料；两种海流还可以形成"水障"，阻碍鱼类活动，使得鱼群集中，易于形成大规模渔场，如纽芬兰渔场和日本北海道渔场；有些海区受离岸风影响，深层海水上涌把大量的营养物质带到表层，从而形成渔场，如秘鲁渔场。

（3）海轮顺海流航行可以节约燃料，加快速度。暖流寒流相遇，往往形成海雾，对海上航行不利。此外，海流从北极地区携带冰山南下，给海上航运造成较大威胁。

（4）海流还可以把近海的污染物质携带到其他海域，有利于污染物的扩散，加快净化速度。但是，其他海域也可能因此受到污染，使污染范围更大。

海流不仅仅对渔业、航运、排污和军事等有重要意义，同时，利用海流发电也被人们提上议程。

海流和河流一样，也蕴藏着巨大的动能，它在流动中有很大的冲

击力和潜能，因而也可以用来发电。据估计，世界大洋中所有海流的总功率达 50 亿千瓦左右，是海洋能中蕴藏量最大的一种。

我国海域辽阔，既有风海流，又有密度流；有沿岸海流，也有深海海流。这些海流的流速多在 0.5 海里 / 小时，流量变化不大，而且流向比较稳定。若以平均流量 100 米³/ 秒计算，我国近海和沿岸海流的能量就可达到 1 亿千瓦以上，其中以台湾海峡和南海的海流能量最为丰富，它们将为发展我国沿海地区工业提供充足而廉价的电力。

利用海流发电比陆地上利用河流发电优越得多，它既不受洪水的威胁，也不受枯水季节的影响，几乎以常年不变的水量和一定的流速流动，完全可成为人类可靠的能源。

海流发电是依靠海流的冲击力使水轮机旋转，然后再变换成高速水流，带动发电机发电。目前，海流发电站多是浮在海面上的。例如，一种叫"花环式"的海流发电站，是由一串螺旋桨组成的，它的两端固定在浮筒上，浮筒里装有发电机。整个电站迎着海流的方向漂浮在海面上，就像献给客人的花环一样。这种发电站之所以用一串螺旋桨组成，主要是因为海流的流速小，单位体积内所具有的能量小的缘故。它的发电能力通常是比较小的，一般只能为灯塔和灯船提供电力，至多不过为潜水艇上的蓄电池充电而已。

美国曾设计过一种驳船式海流发电站，其发电能力比花环式发电站要大得多。这种发电站实际上就是一艘船，因此称发电船似乎更合适些。在船舷两侧装着巨大的水轮，它们在海流推动下不断地转动，进而带动发电机发电，所发出的电力通过海底电缆送到岸上。这种驳船式发电站的发电能力约为 5 万千瓦，而且由于发电站建在船上，当有狂风巨浪袭击时，它可以驶到附近港口躲避，以保证发电设备的安全。

神奇的科里奥利力

　　在日常生活中，我们总能发现一些很有意思的现象。比如河流的左岸常常比右岸有更多的沙石堆积。再比如铁路，火车沿着同一个方向行驶时，右轨道总比左轨道磨损得厉害。其实这些现象都可被科里奥利力所解释。1835 年，法国气象学家和工程师科里奥利（Gaspard Gustave Coriolis）提出，为了描述旋转体系的运动，需要在运动方程中引入一个假想的力，这就是科里奥利力。引入科里奥利力之后，人们可以像处理惯性系中的运动方程一样简单地处理旋转体系中的运动方程，大大简化了旋转体系的处理方式。由于人类生活的地球本身就是一个巨大的旋转体系，因而科里奥利力很快在流体运动领域的应用取得了成功。

　　科里奥利力来自物体运动所具有的惯性。在旋转体系中进行直线运动的质点，由于惯性的作用，有沿着原有运动方向继续运动的趋势，但是由于体系本身是旋转的，在经历了一段时间的运动之后，体系中质点的位置会有所变化，而它原有的运动趋势的方向，如果以旋转体系的视角去观察，就会发生一定程度的偏离。

　　如图 4-2 所示，当一个质点相对于惯性系做直线运动时，相对于旋转体系，其轨迹是一条曲线。立足于旋转体系，我们认为有一个力驱使质点运动轨迹形成曲线，这个力就是科里奥利力。从物理学的角度考虑，科里奥利力与离心力一样，都不是真实存在的力，而是惯性作用在非惯性系内的体现。科里奥利力最大的特点为与运动方向是垂直的，因而不会做功，不会为运动提供额外的能量，但是会影响运动的轨迹。科里奥利力使

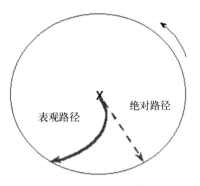

图4-2　科里奥利力示意（引自 http://www.indiana.edu/~geog109/topics/10_Forces&Winds/coriolis.html）

运动的物体在北半球向右偏，在南半球向左偏。

在地球上，科里奥利力时刻影响着海洋与大气的运动，相对于非旋转的流体动力学产生很多有趣的现象，最常见的例子如下。

信风与季风

地球表面不同纬度的地区接受阳光照射的量不同，从而影响大气的流动，在地球表面沿纬度方向形成了一系列气压带。在这些气压带压力差的驱动下，空气会沿着经度方向发生移动，而这种沿经度方向的移动可以看作质点在旋转体系中的直线运动，会受到科里奥利力的影响发生偏转。由科里奥利力的计算公式不难看出，在北半球大气流动会向右偏转，南半球大气流动会向左偏转，在科里奥利力、大气压差和地表摩擦力的共同作用下，原本正南北向的大气流动变成东北－西南或东南－西北向的大气流动。

随着季节的变化，地球表面沿纬度方向的气压带会发生南北漂移，于是在一些地方的风向就会发生季节性的变化，即所谓季风。当然，这也必须涉及海陆比热差异所导致气压的不同。

科里奥利力使得季风的方向发生一定偏移，产生东西向的移动因素，而历史上人类依靠风力推动的航海，很大程度上集中于沿纬度方向，季风的存在为人类的航海创造了极大的便利。

海洋中的地转流

由于海洋内部的摩擦力（包括风及流体间的摩擦力）往往可以忽略，大尺度的海洋环流基本处于科里奥利力和压强梯度力的二力平衡状态，称为地转平衡。在地转平衡下的海洋环流也被称为地转流。和非旋转流体动力学不同，地转流不再是从高压流向低压，而是沿着平行于等压线的方向流动。在北半球高压位于右手边，在南半球高压位于左手边。所以在一般的大尺度海洋环流中，沿着环流方向的压力差不决定环流的强弱，环流的强度由垂直环流方向的压力差决定。同时地转流在水平方向是无辐合辐散的，这意味着纯地转流运动中不存在海洋的垂直流动。

南森的问题和
埃克曼的回答

虽然海水的运动一直受到人们的关注，但是用物理理论来解释海洋的运动是从 1900 年之后才开始的。用牛顿等基本定律、流体力学的基本知识解决海洋水体各种运动的学科称为物理海洋学。物理海洋学是一门实践科学，它的发展来源于人们在海上一次次的探险，其中南森的一次探险引发了物理海洋学一次革命性的进步。

弗里乔夫·南森（Fridtjof Nansen）是挪威著名的探险家、海洋学家（图4-3）。他于 1893 年 6 月 24 日从奥斯陆

图4-3　弗里乔夫·南森（引自 http://en.wikipedia.org/wiki/Fridtjof_Nansen）

开航，驶向北冰洋，于 1896 年 8 月 13 日回到挪威。完成了长达三年多的北极探险。他还收集了大量有关北冰洋的洋流、浮冰、水文、气温和海洋生物等方面的宝贵资料，并于 1897 年出版了《穿越北冰洋》。他的主要著作还有：《北极海域的海洋学》《北冰洋的海深测量特征》《在北方的迷雾中》《到斯匹次卑尔根群岛的旅行》《穿越西伯利亚未来的

土地》等。

　　1893—1896 年，挪威海洋调查船"前进"号横越北冰洋时，南森观察到冰山不是顺风漂移，而是沿着风向右方 20°—40° 的方向移动。之后南森请他的同事威·皮耶克尼斯安排一名学生对此问题进行研究。埃克曼被皮耶克尼斯选中，并在 1905 年他的博士论文中提出了他的成果，命名为埃克曼漂流理论。

　　埃克曼漂流是科里奥利力的产物。在北半球科里奥利力会使移动中的物体向右方偏转（在南半球则向左），因此当风持续在北半球广阔海面上作用时，将会给予表面海流和风向一样的加速度，而海流同时受到科里奥利力影响产生与风向垂直的向右加速度，并且当速度增加时会逐渐向右方偏转。因为海流方向会稍微偏向风向的右方，垂直于海流方向的科里奥利力会有部分抵消风力。最后，当风力、科里奥利力和海面下海水摩擦力达到平衡时，海流将达到终端速度并在风存在的状态下以平衡状态时的速度和方向前进。表面的海流会拖曳下层海水，并且在前进方向上对下层海水施加力量，连续向下重复的过程最终会使各层海水的稳定流向比风向更偏右方，并且向更深层海水作用，最终产生一个因为海流方向随水深改变的连续性的旋转（或螺旋）。当深度增加时，风力的强度将递减，使最终海流的稳定速度下降，形成如图 4-4 所示的锥形三维螺旋。

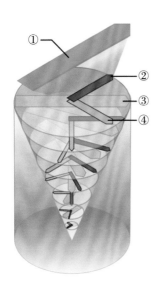

图 4-4　埃克曼螺旋理论
①风；②风力向上分量；③海流有效流向；④科里奥利力

　　埃克曼漂流理论是风生大洋环流的敲门砖，并得到了广泛的认可。但是埃克曼螺旋提出之后一直都没有观测记录。直到 1978 年在南非共和国西岸以水肺潜水观察上升流通过海藻林时的记录。之后埃克曼螺旋才被广泛地发现，如 1980 年海洋混合层实验；1982 年在马尾藻海中的长期上层海洋研究；1993 年东侧边界洋流实验中观测加利福尼亚洋流。

典型的埃克曼螺旋已经在冰海之下被观测到，但在无浮冰的开放海域中相关的观测记录相当稀少。这是因为海洋表层中的湍流混合明显受到昼夜循环的影响，并且表面波会使埃克曼螺旋变得不稳定。

埃克曼漂流理论还有一个重要结果就是埃克曼输运的方向永远垂直于风向 90°，在北半球向右偏，在南半球向左偏。埃克曼输运是指埃克曼层内从海面到埃克曼层底输送水体的总量。由于埃克曼输运不是地转流，存在辐合辐散，会引起海洋的垂向运动，称为埃克曼抽吸。

斯韦尔德鲁普的思考

　　埃克曼漂流理论解决了海洋表层水的运动方向与表层内部垂向的流场分布，但是埃克曼层之下水体总量是如何输运的，一直是个谜。斯韦尔德鲁普（Harald Ulrik Sverdrup）在 1947 年的开拓性工作，解决了这个问题，并被誉为大洋环流理论的基石（图 4-5）。

　　牛顿曾经提出物体要保持运动，必然受力，否则将保持静止或匀速直线运动。摩擦力是两个表面接触的物体相互运动或者具有相互运动趋势时互相施加的一种物理力。海洋环流要保持流动，必然要受到相邻水体、海底、大陆边界给予它的摩擦力，而摩擦力对于环流是阻力。为了维持海流的运动，必须有力或能量施加于海水。这种力或能量可以来源于海面的加热和冷却或者是海面风引起的风应力（风应力是海面风吹拂海面引起的摩擦力，对于风来说是阻力，但对于海流来说便是动力）。斯韦尔德鲁普认为风应力更为重要，海水若要运动便受到摩擦力、风应力和科里奥利力的合力的

图 4-5　斯韦尔德鲁普

作用。因为靠近大陆边缘的水体（通常称为边界流）受到岸界的影响，会比大洋内部流场（即远离岸界的流场）多受到侧摩擦力的作用，所以在研究问题时，忽略掉这部分流体，只考虑大洋内部流场。斯韦尔德鲁普通过一系列计算得出海流的沿经线方向的输送量完全由风应力的旋度（旋度是向量分析中的一个向量算子，可以表示三维向量场对某一点附近的微元造成的旋转程度，大小是自转角速度的两倍）决定，这个结果被我们称为斯韦尔德鲁普平衡。同时斯韦尔德鲁普还得到在埃克曼层之下的流体柱受到海面埃克曼层或海底地形挤压时，流体柱向南运动；当流体柱拉伸时，流体柱向北运动，这个结果通常被我们称为斯韦尔德鲁普关系。

斯韦尔德鲁普平衡和斯韦尔德鲁普关系是物理海洋学发展的基石，它们的提出解决了很多大洋中的实际问题。例如，斯韦尔德鲁普理论解释了北半球副热带海区内部流动向南。北半球副热带的范围在北纬 10°—40° 之间，在太平洋，副热带海区的南端为北赤道流，西端为黑潮，北端为北太平洋流，东端为加利福尼亚寒流。在北大西洋，副热带海区的南端为北赤道流，西端为湾流，北端为北大西洋海流，东端为加那利寒流（Canary Current）。根据斯韦尔德鲁普平衡，在副热带海区风构成顺时针环流，则它们的旋度为负（根据右手螺旋准则，判断角速度垂直纸面向里），负的旋度对应流动向南。所以在副热带海洋内部，流动是向南的。

强大的西边界流

　　前面的斯韦尔德鲁普理论只能解释大洋内部流场，那么在边界上的流动又有何特点呢？它们又能被何种理论解释呢？

　　大洋环流靠近大陆边界流动的分支称为边界流。边界流可以分为两类：西边界流和东边界流。西边界流是分布在大陆东岸或大洋西岸的海流，东边界流是分布在大陆西岸或大洋东岸的海流。在南北半球的副热带海区，西边界流是沿大洋西部边缘大陆坡的狭窄地带，向高纬度方向流动的海流（南半球向南运动，北半球向北运动）。大部分西边界流来源于赤道流，当赤道流随信风抵达各大洋西部之后，一部分汇入赤道逆流，大部分沿大陆边缘向高纬度方向流动，成为近岸水系和大洋水系之间的边界。在北半球的高纬度地区，西边界流还包含亲潮和东格陵兰海流。这两支海流来源于高纬度并向赤道区域运动。以下介绍的西边界流为副热带环流圈内的西边界流。

　　西边界流多有暖咸的特征，流速快，流量大。大洋环流的平均流速为 1 ~ 5 厘米 / 秒，而西边界流的流速一般在 2 米 / 秒。比较典型的西边界流有太平洋的黑潮、东澳大利亚海流，大西洋的湾流、巴西海流，印度洋的莫桑比克海流、索马里海流等。

如图 4-6 所示，东边界流的流动（图中右手方向的流动）和西边界流的流动（图中左手方向的流动）差异很大。与东边界流相比，西边界流较深而且窄，而东边界流较浅而且宽，西边界流海面起伏大，而东边界流海面更平缓。

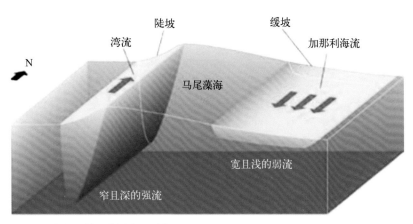

图 4-6　北大西洋西边界流（引自 http://oceanmotion.org/html/background/western-boundary-currents.html）

导致西边界流流速快、流量大的物理过程，在物理海洋中称为西向强化。西向强化的原因可以归咎于 β 的存在、陆地边界的存在和质量守恒。以北太平洋副热带环流圈为例，介绍西向强化的原因。科里奥利参数亦称地转偏向力参数，或地转参数，是地球自转角速度在地球面上各地的分量的两倍值，β 是科里奥利参数相对于纬度的导数。β 项的存在使得海洋环流在西岸和东岸的流速与流量大小不一致。前面已经介绍过陆地边界的存在会为海洋环流提供摩擦力。风应力会为副热带环流内流动产生负涡度（流速的旋度称为涡度），使圈内的流速向南运动，西边界摩擦力会对环流产生正涡度，而东边界会对环流产生负涡度，涡度要守恒，所以西边界的摩擦力提供的涡度要平衡整个副热带环流圈的风引起的涡度，因此环流在西边界强。质量

守恒是指全球总水量是不变的，在每一个环流里，我们假定该环流圈内的流量是不变的，所以在该副热带环流圈向南损失多少流量，便由西边界向北输运相等的流量，因此西边界流量大，流速强。

大洋环流西向强化的原因，还可以从行星波能量的传播来说明：因为尺度较小的罗斯贝波（罗斯贝波是由于 β 项存在而产生的波动）的能量是向东传播的，而尺度较大的罗斯贝波的能量是向西传播的。当行星风应力将各种尺度波动的能量输入海水之后，小尺度的能量移向大洋东边界，并在那里作为大尺度分量向西反射；而大尺度的能量移向大洋西边界，并在那里作为小尺度分量向东反射。小尺度波动不稳定，在运动的过程中被很快频散掉，很难抵达东边界，而大尺度波动能量又不断向西岸聚集，从而发生了大洋环流的西向强化现象。

历史上，不同的科学家通过不同的公式都得到西向强化的结果。1948 年，Henry Stommel 在斯韦尔德鲁普公式的基础之上加入大洋洋底由地形造成的摩擦力，并考虑随着纬度而变化的科里奥利力，得到西边界流。1950 年，Munk 在埃克曼、斯韦尔德鲁普和 Stommel 的研究基础之上，加入了水平湍流摩擦力和铅直湍流摩擦力。Munk 的结果较全面地阐明了大洋风生环流的主要特征，并根据风应力的分布得到大洋环流的正确量级。Munk 认为大洋西向强化是风应力涡度、行星涡度和侧向湍流应力三者取得平衡的产物。但是 Munk 的结果计算得到的西部流动宽度过大，流量过小，致使理论有很大缺陷。1955 年Charney 和 1956 年 Morgan 分别独立地提出了惯性西边界流理论。他们认为惯性效应是控制西边界流的重要因子，非线性项比湍流摩擦项大一个量级，后者可以忽略。这样的理论称为惯性理论。由于加入惯性项，运动方程变成非线性的了，迄今为止只能解得一个不完全解，该解只在内区流动向西的区域中存在。但是得到西边界厚度大概在100 千米，流速可以达 2 米 / 秒，与实际西边界流相吻合。

西边界流一系列理论介绍了西边界流为何如此强大。在北大西洋，湾流非常强大，甚至能深入到北大西洋亚极地环流，使在高纬度地区的冰岛和英国常年气温适宜，海港冬日不结冰，而且带来的大量热量以海水蒸发的形式在此释放，使伦敦成为全球闻名的"雾都"。

次表层海水不安静

　　低纬度地区由于太阳直射，海面温度较高；高纬度地区由于太阳散射，海面温度较低。在副热带地区，由于太阳辐射很强，使海水大量蒸发，海面盐度较高；在高纬度地区，降水较多，水温低，所以蒸发少，海面盐度较低。由此可见海面温度和盐度在水平方向分布不均匀。海洋的温度和盐度不仅在水平方向分布不均，而且垂直方向也分布不均。海洋存在典型的温跃层（海洋混合层以下的、温度有巨大变化的薄薄一层，是上层的薄暖水层与下层的厚冷水层间出现水温急剧下降的层），深度在水下300～1000米（图4-7）。前面介绍的流动，如风生的埃克曼流，西边界流，都集中在温跃层之上，那温跃层之下的海水是否存在运动呢？答案是肯定的，温跃层之下的海水是存在运动的。

　　要解释海洋深层存在运动，就要了解一下斜压海洋理论。那什么是斜压海洋理论呢？海洋中，压强是随深度增加

图4-7　温跃层示意（引自 http://ww2010.atmos.uiuc.edu/%28Gh%29/wwhlpr/thermocline.rxml）

而增大的。压强与当地海水的密度、温度和盐度等量相关。海洋中海水的密度是由温度、盐度和与温盐有关的压缩或膨胀系数唯一决定的。若压强与密度一一相关，则我们称这样的海洋为正压海洋。正压海洋被广泛用于研究海洋水平方向的运动，而不考虑海洋的垂直结构是怎样的。所以我们前面所提到的埃克曼漂流或斯韦尔德鲁普理论都是正压海洋的运动。当压强和密度两者不是一一相关时，即有其他的量和密度共同决定压强时，这样的海洋称为斜压海洋。斜压理论可以解释海洋存在垂直结构下的流动分布特征问题。为了更好地理解斜压理论，首先从简单的一层半海洋模式和它的局限性入手。

一层半海洋模式是从正压海洋理论向斜压海洋理论研究的过渡。它考虑海洋存在这样一种垂直结构：在海洋上层为温盐性质都均匀的混合层，混合层下为温跃层（温跃层厚度可以忽略不计），温跃层下为深层大洋。它假定流动只发生在温跃层之上，下层流体静止并无限深（图4-8）。一层半海洋模式的重要结论是：海面起伏和次表层温跃层起伏相反，温跃层起伏比海面起伏大1000倍；同时海洋温跃层在副热带海区的西面最深，温跃层最深的地方就是海面高度最高的地方。虽然一层半海洋模式在描述温跃层分布上有成功之处，但是一层半海洋模式有其自己的局限性。首先它的假设就不合理。一层半海洋模式假设海洋下层无运动。若只研究上层海洋的运动，这个假设就很合理，但是想要研究海洋三维运动，这个假设显然就不适用了。例如，在电影《后天》中提到，全球热盐输送带将低纬度海水向高纬度推送，并在高纬度变重下沉，下层海水再从高纬度向低纬度输送。这个过程一旦终止，会对全球气候有着不可估量的

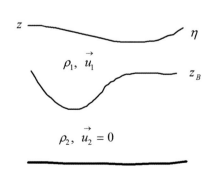

图 4-8　一层半海洋模式示意（引自林霄沛课件）

影响。下层海水的运动对全球气候的变化至关重要，由于一层半海洋模式忽略了下层运动，所以用它研究下层海洋的运动就很不合理。

为了研究温跃层之下的运动，物理海洋学家们对一层半海洋模式进行了改进，引入了两层半海洋模式（图4-9）。

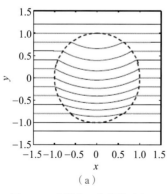

图4-9 两层半海洋模式示意（引自林霄沛课件）

在两层半海洋模式中，有一个亟待解决的问题：如何解决东边界流流速为0的边界条件。Rhines 和 Young 在 1982 年提出了位涡均一化理论（基于多层模式）很好地解决了这个问题（图4-10）。他们假设初始时刻所有层是无运动的。当强风吹过海面，引起垂向各个层的界面发生较大的变形，在次表层上，产生了闭合的地转流线，次表层海水可以沿地转流线运动，而不用担心东边界流流速为0的边界条件。在 Rhines 和 Young 提出的多层模型中，有三个显著特点：第一，强烈的海面风可以搅动使次表层流线闭合；第二，次表层闭合的多层模式可以有无数个解，而且能找到相对于微小扰动稳定的解；第三，沿封闭流线，位涡是守恒的。

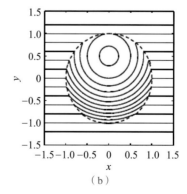

图4-10 位涡均一化理论示意
（a）$y_0 = 2r_1$；（b）$y_0 = 0.5r_1$

之后，Luyten，Pedlosky 和 Stommel 于 1983 年建立了通风温跃层理论，完善了斜压海洋的理论（图 4–11）。该理论的结论是次表层的温跃层若上升到海表，则可以直接受风的作用，获得动能（位涡），然后沿着等位涡线向下运动，即使被潜沉到其他层之下仍继续运动。

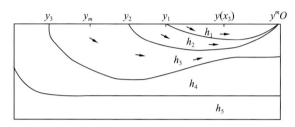

图 4–11　通风温跃层理论示意

将本章内容结合起来，就可以构成一个清晰的三维的风生大洋环流图谱：大洋顶部的埃克曼层直接与大气强迫力（包括风应力、热通量和淡水通量）接触。由风向决定流体体积的输送方向，在北半球垂直于风向 90°、偏右，在南半球相反。而且该层将适当密度的水块向下压到埃克曼层之下。在远离海岸的大洋内区，风应力旋度控制了流体体积的输送方向，在北半球负的风应力旋度使海水向南流动，正的风应力旋度使海水向极地运动。冬末，在每一等密度面的露头窗口内，这里的海水直接面对大气的强迫力。在露头线以南，通风层中的水块潜沉到次表层大洋，并在斯韦尔德鲁普理论的支配下继续运动。而在水平方向，由于西向强化作用，使西边界流流速快，流量大。

第五章

大洋热盐环流
——海底两万里

人类对深海有着无限的遐想，一次又一次地向大洋最深处的海底发起冲锋。尽管人类可以畅游太空，登上月球，甚至对 4 亿千米远的火星进行多年的遥控探测，但对我们身边的地球表面以下 10 千米的大洋仅能观测几个小时！其阻碍是来自海洋深处那巨大无比的压力。1870 年，法国科幻小说家儒勒·凡尔纳（Jules Gabriel Verne）的《海底两万里》问世，并多次拍摄成电影；深海龙宫的神话传说在中国家喻户晓；我国的"蛟龙"号深潜器已成功在西北太平洋下潜到 7200 米深（图 5-1）；俄罗斯把国旗插到北冰洋海底；美国好莱坞导演詹姆

图 5-1 "蛟龙"号深潜器 7000 米海试现场回收（引自《中国科学报》，2013-01-16）

斯·卡梅隆（James Cameron）自己出钱建造"深渊挑战者"深潜器并亲自到地球上最深的马里亚纳海沟探险拍摄海底世界（图5-2）。谈及深海就有一个绕不开的物理海洋学名词，也是有待解决的科学难题——热盐环流。让我们展开好奇与想象的翅膀，搭乘热盐环流之舟，探索深藏于大洋之谜——深海洋流吧！

图 5-2　詹姆斯·卡梅隆从"深渊挑战者"出舱

大洋输送带，千年走一回
——搭乘深海海流的环球之旅

前面已经介绍了仅由风驱动形成的海面洋流为风生环流，它主要描述上层海洋水平方向上海水的流动。要想了解洋流强大的威力，我们需要潜入海底深处，科学家在那里发现了另一个洋流系统叫作热盐环流，其主要描述垂直方向上的经向流动。这些深海洋流与海面洋流形成了一个环绕世界大洋的循环网络，美国海洋学家沃利·布洛克（Wally Broecker）形象地将其称为大洋输送带（图5-3），这也是地球上最强大的力量之一。大洋输送带由海面的暖流和海底的冷流组成，把热量和养料等物质源源不断地运送到世界各地。因此，它对地球气候的调节以及所有的生命都极其重要。大洋输送带之所以不断地流动，早期的研究认为，主要是北大西洋靠近北极的拉布拉多海在起作用。由于那里水温很低，海水结冰后把盐分留在海面的水里而使其密度增加，这样上面海水重量加大，开始下沉，海面的水下沉到深海，沿着海底向南流动直到赤道，在那儿慢慢上升，再与海面洋流汇合后在上层从赤道向北极流动，这样完成一次循环。后来发现，在北极附近拉布拉多海的海水并不能下沉到海底，只下沉到中下层深度；真正下沉到海底的是南极大陆附近罗斯海、威德尔海的海水形成的南极底层水，然后沿着洋底向北流向赤道；上面通过南极绕极流把大西洋、印度洋和太平洋连接起来，于是形成了整个环球的大洋输送带线路。它是连接全球海洋的大动脉，在大西洋的主要表现特征为经向翻转流。大洋输送带只是对热盐环流做了最为简明、形象的比喻，给出了海洋深水环球的流动路径。另外，海水下沉的地方是最年轻的新水，称为深水形成；当新水沿着这样的路径流动到某处所需要的时间则是该处海水的年龄，环球一圈的海水年龄最老，它位于北太平洋的北端。

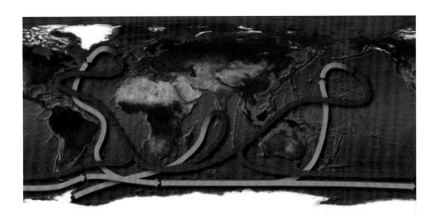

图 5-3 全球大洋输送带示意（引自伍兹霍尔海洋研究所）

相对风生环流而言，热盐环流的流动非常缓慢。前面已经介绍过上层洋流的流速，比如，赤道流系的平均流速为 0.25 ~ 0.75 米 / 秒，南赤道流的最大流速高达 1.5 米 / 秒；北大西洋湾流的表层最大流速可达 2.5 米 / 秒，离我国最近的黑潮在日本南部流速最大可达 1.5 ~ 2.0 米 / 秒。然而，威尔特奇在 1961 年曾推断深海海水上升的速度为 $1 \times 10^{-7} \sim 5 \times 10^{-7}$ 米 / 秒，换言之，这也就是热盐环流流动速度的数量级。假设海水的输送率平均为 45×10^{6} 米³/ 秒，则热盐环流环绕地球一周的时间约为 1000 年，在北大西洋约为 500 年，而到北太平洋为 2000 年以上。

　　后面将会看到人们对热盐环流又有新的认识，原来认为它仅仅是由海水温度和盐度变化引起的，现在看来还受到风和潮汐的影响。我们已经了解极端情况下在两极附近随着深水形成盐度对产生热盐环流的影响，下节将介绍海温的作用，并揭开太阳加热海水神秘的面纱。

太阳加热海水的
思想启迪与科学发现

**环球探险船上的水手在赤道用深海的海水冰镇
啤酒，太阳为何不能加热赤道下面的深水？**

    对大洋深海海水温度的认识可追溯到达尔文随"贝格尔"号
1831—1836 年的环球探险，特别是英国"挑战者"号 1872—1876 年
的环球航行考察。在赤道附近，气温很高，那时冰箱并不像现在这样普
及，船员们偶然发现那里深海的海水却很凉，于是把带的啤酒装到桶
里送到深海，过阵子再提上来喝，具有冰镇的效果。当时并不清楚为
什么，后来，人们知道，赤道地区被太阳加热的海水随着上层的海流
送到高纬度去了，一边向极地方向流动，一边向大气释放热量，而不
是把赤道深处的海水加热。通过上节已经知道，赤道下方冰冷的海水
实际上是来自南北两极附近形成的深水。这个故事告诫我们，做科学
研究要多问几个为什么的重要性！不要轻易放过任何蛛丝马迹，善于
分析不同寻常的东西，就有可能得到重要的科学发现。

    海水温度究竟如何影响热盐环流？海洋如此之大不便观察，在实
验室进行实验有助于我们的认知。

热盐环流的实验室研究，火炉上烧开水与太阳加热海洋的工作原理是否相似？

　　开水是我国居民日常生活中不可或缺的，传统烧开水的方法是用炉子从水壶下方加热。其实这样的加热方式与验证大洋热盐环流的实验研究还有关联。大家知道，太阳是从海面上方对海水进行加热的，是否可以在实验室像烧开水那样来观察呢？这个看似简单的问题，却争论了一个多世纪——海洋是否为热机？具体到大洋热盐环流，就是太阳在赤道上方给海水加热（成为高温区），极地因接受的阳光很少使得海水冷却（成为低温区），于是海面温度沿子午方向的分布形成了一个温差，那么这个温差能否产生一个贯穿到海底、稳定的经向翻转环流呢？

　　托马斯·罗斯贝（H. Thomas Rossby）这位美国罗得岛大学教授继承了其父——近代大气与海洋动力学研究奠基人之一——卡尔－古斯塔夫·罗斯贝（Carl-Gustaf Rossby，瑞典人，后入美国籍）对科学"空想不如实验"的衣钵，潜心海洋观测研究，曾多次获奖，其中2009 年美国地球物理学会授予他莫里斯·尤因（Maurice Ewing）奖，被誉为"海洋观测手段的一场革命"的 Argo 浮标则是其发明 SOFAR浮标的后生。托马斯于1965 年发表了实验结果，其实验装置如图 5-4 所示。他认为这种加热冷却方式就是海洋在赤道被太阳加热、在极地冷却的镜像。所以，用这样的装置能观察到水沿箭头方向流动的现象，就可以推测到实际海洋。多少年来，没

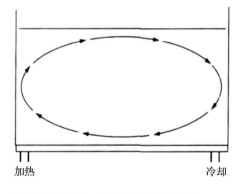

图 5-4　托马斯·罗斯贝的实验装置示意

有人对此质疑：如果把加热和冷却放在水面上仍能观察到冷热源在水体下面那样的现象吗？

中国海洋大学物理海洋教育部重点实验室的王伟教授与美国黄瑞新教授合作利用现代先进测流设备粒子成像速度仪系统进行了严格的实验研究（图 5-5）。他们考虑更加细致的情况，如由于地球是曲面，赤道的海平面与极地的海平面并不在同一高度上。结果发现当加热和冷却放在水面上时，并不能出现贯穿型环流。将其应用到现代海洋，估算由水平温差所导致的热能向机械能的转化率仅有 1.5 吉瓦（1 吉瓦 $=10^9$ 瓦），这不足以驱动所观测到的大洋经向翻转环流。因此现代海洋的运动状态不是一个热机，大洋环流应该由外来能量驱动。

瑞典科学家 J. W. Sandstörm 早在 1908 年就对水从上方进行加热和冷却的情形做过实验研究，其结论是观察不到贯穿型环流，因而海洋不是热机，被称为 Sandstörm 公理。现在仍有学者继续进行这方面的实验研究。

那么，读者可能要问，海底经常有火山爆发和热液泉喷发，这些是从海底加热的，会不会对热盐环流产生影响呢？这方面的研究给出的答案是：不能。

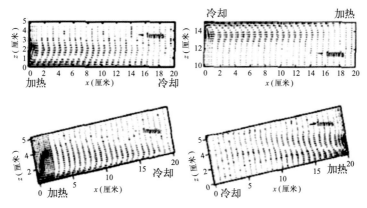

图 5-5　王伟和黄瑞新的实验结果

海洋深水流动的动力何在

风对海洋的影响究竟有多深？

从"风平浪静""兴风作浪""无风不起浪"和"风生水起"（图5-6）等风和水的这些汉语成语就不难看出中国先民对风作用于水的观察与意境。在前面大洋风生环流一章我们对风的作用已经有了深刻印象，不过，传统理论认为风对海洋影响的深度是有限的，似乎被限制在上层海洋，比如，若超过1千米深的海洋，风就消失得无影无踪了；然而，湾流的深度可延伸到海面以下3500米，用风生环流理论是无法解释的。新的观点则认为风是维持深海洋流的主要能量来源之一。

以全球第二大洋流黑潮为例，其总流量相当于世界流量最大的亚马孙河的360倍，1000条我国第一大河长江。之所以说我们对深海洋流的认识仍然很有限，是因为目前对现代北大西洋经向翻转流的长时间平均强度估算值差别很大，从15×10^6米³/秒到30×10^6米³/秒。一般认为热盐环流的强度大概是100条亚马孙河的流量，需要说明的是目前对深海的所有估计都有不确定性。要维持强度为30×10^6米³/秒

图 5-6　风浪

的北大西洋经向翻转流需要多少能量呢？ Wunsch 和 Munk 估算大约需要 2 太瓦的能量。这相当于 2006 年全世界年发电总量 1.8014×10^{10} 千瓦·时约合 2.05 太瓦的能量。

　　风应力通过对表层流［图 5-7（a）］和表面波浪做功向海洋输入能量。风向海洋输入的能量是巨大的，比如，仅风应力通过表面波输入全球海洋的总能量为 60 太瓦，其中 36 太瓦的能量通过在上层海洋中产生的波浪破碎、湍流和内波而被就地耗散；大约 20 太瓦以长波的形式传到遥远的海域，其能量逐步耗散。可见，风输入海洋的能量绝大部分都在上层消耗掉了，只有通过惯性频率和表层地转流［图 5-7（b）］的很小一部分才能向下传播影响深海。风向全球大洋环流输入的能量为 0.75 ~ 1 太瓦，但这些是如何向下传输的仍然不清楚。

　　假如风提供的能量按最大取值 1 太瓦，显然，还有 1 太瓦的缺口哪里来呢？接下来看潮汐的作用。

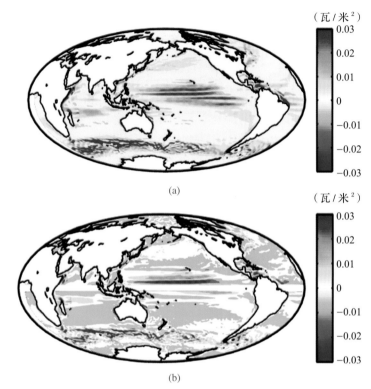

图 5-7　输入海洋的风能的空间分布
（a）风通过表层流输入的能量；（b）风通过表层地转流输入的能量

潮涨潮落推波助澜深海流吗？

　　潮汐应该是海洋学中认识最清楚，且可以准确预报的现象，参见前面潮汐章节。其实，潮汐的作用不只是使海面升降，还有另外一个更重要的作用是为维持大洋热盐环流提供了 1 太瓦的能量，主要通过垂向混合发挥作用（图 5-8）。海洋潮汐在何处以及如何耗散其能量是由来已久的科学问题。潮汐能量的主要汇一直认为在浅海的底摩擦，然而，潮汐耗散也发生在大洋深海，通过海面潮汐的洋底地形散射成内波，这一可能的潮汐能量汇的量级恰好是 1 太瓦左右。

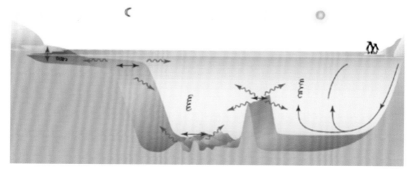

图 5-8　潮汐的作用示意
红色曲线表示耗散，绿色曲线箭头表示散射，蓝色双箭头表示底摩擦

鱼虾真的能翻江倒海，不可思议吗？

　　海洋生物总是在不停地运动着，可以肯定的是它们在起搅拌作用，这有趣到令你意外。从水母到磷虾，从梭鱼群形成的龙卷到抹香鲸的猎食，海洋自游生物的上下游动对于垂向混合的作用可以与风和潮汐相提并论。就此而言，海洋动物大有四两拨千斤之功效，真可谓虾兵蟹将闹龙宫。让我们一看究竟吧！

　　海洋混合是控制经向翻转流的关键一环。Dewar 等对抹香鲸进行了估算。目前世界大洋大约有 36 万头抹香鲸。抹香鲸的平均体重 40 吨，其猎食深度为 1 千米，80% 的时间生活在水深 500 米以下。每头抹香鲸在无光深海区游泳运动产生的能量为 1 ～ 176 千瓦。平均每头抹香鲸游泳释放给海洋的能量保守估计为 5 千瓦。这样，仅抹香鲸贡献给深海的能量就是 1.44 吉瓦（1 吉瓦 =10^9 瓦）。还有 60 多种猎食和游泳行为类似但比抹香鲸小的齿鲸，都下潜到无光深度，有些可到 1 ～ 2 千米，这部分海洋生物又可增加 17 吉瓦，换言之，这是全球海洋混合所需能量 2 ～ 3 太瓦的 0.5% ～ 1%。正压潮被夏威夷散射成斜压模的贡献为 18 吉瓦，两者旗鼓相当。如果 62.7 太瓦的海洋化学能以净初级生产力的形式提供给海洋，假如这些能量的 1%（也就是

0.63 太瓦）投入到无光深海的机械能，堪比风和潮汐的输入。蜂拥般的金梭鱼群规则地游动可形成蔚为壮观的龙卷场面（图 5-9）。

图 5-9　金梭鱼旋风

科学家研究表明，尽管磷虾这么小（图 5-10），但可以产生 1 ～ 10 米尺度的湍流混合，其机制仍是个谜。磷虾产生的混合是磷虾云集呈片状分布导致的，尺度有数十米，而不是单个的磷虾。磷虾群每天上下迁移的效果实际是搅拌海洋，增强混合。观测表明，傍晚磷虾群升迁产生的湍流声散射层厚度是白天的三四倍，日均混合提高近 100 倍。

富有创新性的调查融入一个海洋学概念：源于生物的混合。物理学家查尔斯·达尔文（Charles Darwin），这位进化论创始人的孙子，早在 60 年前就提出游泳动物应该对海水混合有重要贡献，只是差一点被忘记而已。现在的争论主要集中在动物尾迹湍流与海

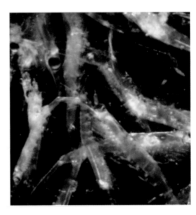

图 5-10　海洋的搅拌者——磷虾

洋湍流的对比。达尔文混合的不同是当立体的鱼身在流体中漫游时使得周围的一部分流体运动以致沿着其身体传播。用这种机制和理论模型考察水母及其伙伴（图 5-11），得到惊人的结论：自游生物对海洋混合的贡献可与风和潮汐相匹敌。

(a)　　　　　　　　　　　　　　　　(b)

图 5-11　达尔文混合试验
（a）硝水母类（*Mastigias* sp.）；（b）游泳产生的移动（染色）效果

　　如果这些结果可靠的话，那就要呼吁全球禁渔。若过度捕捞，大洋缺乏海洋自游生物的搅拌而影响了热盐环流，也会改变全球气候！对此，自然也有持不同意见者，问题的焦点是自游生物对海洋混合的贡献究竟有多大？

深海探幽
——未来物理海洋的挑战

电影《后天》的气候灾难是否会真实地发生？
大洋热盐环流的突变

蕴含着巨大热量的大洋热盐环流是地球气候的一个重要调节器。它把全球海洋连接在一起，走遍世界大洋，将携带的热量随着流动不断释放到地球各地，从而对全球气候产生巨大的影响。其上层一支表现为暖流，从低纬度的赤道地区流向高纬度地区，它能为流经之处增加温度与湿度，益于动植物生长；它还带着养料和氧气，对地球上的生命极其重要。如果大洋热盐环流出现异常，带来的后果将是灾难性的。比如，全球变暖使两极冰雪融化，这样可能会出现没有冷水在两极沉入海底，于是大洋输送带就会中断。一方面，上支流携带的热量骤降会让地球回到冰河期；另一方面，海洋将因此得不到氧气和养料，导致地球上几乎所有生物都死亡。电影《后天》就是根据这一科学背景拍摄的（图5-12），当然用了艺术夸张手法。

地球历史上曾出现过二叠纪大灭绝，就是在2.5亿年前，那时的地球暖化愈演愈烈，气温不断上升，海水继续变暖，导致南北极的海水无法下沉，这相当于大洋输送带的重要枢纽被关掉了，最终可造成地球上超过九成生物的灭绝。

（a）　　　　　　　　　　　　　　　　　（b）

图5-12　热盐环流与气候变化的联系
（a）电影《后天》的宣传海报；（b）2008年冬季中国南方暴雪

　　美国海洋学家斯托梅尔（Henry Stommel），这位20世纪物理海洋学的领袖，是大洋热盐环流理论的建立者之一，他首先从理论上预测热盐环流的变化并与气候变化相联系。尽管热盐环流流动很慢，但有状态改变的突变性。不过，他的理论对古海洋的气候记录不能给出合理的解释。现有的数值模拟试验表明，只有冲淡水，即改变海水的盐度才能改变热盐环流的状态。管玉平和黄瑞新的研究表明可以用能量的观点来解释。

　　现在极地冰雪融化速度加快，问题是我们离两极海水不能下沉这个拐点的日子还有多远？

深潜到最深的大洋海底比登天还难！
——"蛟龙"号，你大胆地往下走

　　全球海洋最深的地方是位于北太平洋的马里亚纳海沟 10.911 千米（10 911±40 米），而陆地上号称"世界屋脊"的珠穆朗玛峰才 8848.86 米。人类可以对外太空 4 亿千米远的火星做到遥控探测多年，垂向分辨率 ±1 米，水平分辨率 1 千米，而对自己身边地球表面以下 10 千米的"内太空"大洋仅能观测几小时！对深海的认识仍然十分匮乏，更不用说大洋深渊了，深潜就是探险。因为要到达海洋深渊，必须首先克服那巨大的压力。为了对深海的压力有个认识，看平时用的一次性水杯（图 5–13 右侧水杯）在深海被压缩成左下角的形状。

　　2014 年 3 月 8 日将载入世界航空史，搜寻失踪的马航 MH370，吸引着全球媒体观众的目光，更牵动着我国亿万人的心，因在这架波音 777—200 航班上载有 239 人，其中有 154 位同胞。即使澳大利亚海军动用当今最先进的探测设备——美国产的蓝鳍 –21 型（Bluefin-21）自主水下航行器，仍然是大海捞针（图 5–14）。引导蓝鳍 –21 的卫星反演地图的分辨率：垂向 ±250 米，水平 15 千米；与火星探测相差甚远。

　　2014 年 5 月 9 日，对海洋工作者来说，无疑是另一个噩耗，美国伍兹霍尔海洋研究所的"海神"号（NEREUS）深潜器（图 5–15）在位于新西兰北岛东北端的克马德克海沟（Kermadec Trench）作业时所连接的 5 台影像机突然空白，当"托马斯·汤普孙"（RV Thomas G. Thompson）

图 5–13　水杯在深海被压缩成左边的形状（引自 Dr Ken Macdonald, Science Photo Library）

号科考船上的研究人员发现其船壳碎片浮上水面时就意识到它的命运了。外壳片表明"海神"号被强大的压力压碎了。这次是在执行为期三年的美国国家基金资助的国际合作"超深渊生态系统研究"计划（Hadal Ecosystem Studies，HADES）。所谓超深渊，指离海面距离6000米以上的水深。"海神"号造价800万美元，于2009年5月首次在世界大洋最深部分——北太平洋的马里亚纳海沟——"挑战者深渊"（深度10 898～10 916米）下潜，并发现海葵新品种。

对超深渊研究来说，丧失"海神"号绝对是场灾难。因为目前世界上仅有几台专业的深潜器才能到达一定的深度，所以，进入深海依然是项挑战。拥有能下潜6000～7000米的载人深潜器的国家有中国、美国、日本、法国和俄罗斯（图5-16、图5-17）。遥控或自主深潜器则更少，主要是很难承受住超深渊区巨大的压力。仅有詹姆斯·卡梅隆的"深渊挑战者"和日本的"深渊"号（ABISMO）深潜器的下潜深度可与"海神"竞争，但"深渊挑战者"不是科学型，而"深渊"的仪器没有"海神"的先进。

没有深潜器很难想象如何开展超深渊研究。我国"蛟龙"号的下一个目标是下潜1万米深度，也是我国深海科技工作者的期待！

图5-14　蓝鳍-21下水寻找马航MH370

图5-15　压爆前的"海神"号深潜器

潜入深海

随着"海神"号的失踪，世界大洋深海潜水器的队伍进一步缩减

● 载人潜水器　◆ 无人潜水器

深度（米）

弱日照
水肺潜水极限深度

1000　无日照

"深海地平线"油井泄漏的估计深度

2000

3000　哺乳动物柯氏喙鲸的最大下潜深度

"泰坦尼克"号残骸
◇ "阿尔文"号，
美国

4000

5000

◇ "和平"号，俄罗斯
◇ "鹦鹉螺"号，法国
◆ "SENTRY"号，美国
◇ "深海"号，日本
◆ "JASON"号，美国

6000

● "蛟龙"号，中国

7000

鱼类最深发现深度

8000

波多黎各海沟，大西洋最深处

9000

10 000

◆ "ABISMO"号，日本
马里亚纳海沟，太平洋最深处

● "深海挑战者"号，美国

11 000
◇ "海沟"号，日本，2003年失踪
◇ "海神"号，美国，2014年失踪
◇ "的里雅斯特"号，意大利，已打捞

图 5-16　世界具备深潜能力的国家（截至 2016 年，未严格按比例尺绘制）

图 5-17　我国的"蛟龙"号载人深潜器

注：本章成文于 2015 年末至 2016 年初，当时我国"奋斗者"号载人深潜器尚未问世。2016 年 6 月开始立项研制"奋斗者"号，2020 年 11 月 10 日 8 时 12 分，"奋斗者"号载人深潜器在马里亚纳海沟成功坐底，深度 10 909 米。创造了中国载人深潜的新纪录。

大洋热盐环流
——人类对深海洋流的认识仍在起点

　　大洋热盐环流是由于海面受热冷却和蒸发降水不均匀使得海水的温度和盐度变化，导致密度分布不均匀而产生的深层洋流。即使在上层观测到的洋流也无法把风生环流和热盐环流区分开。在海面看得见的风生洋流，如湾流和黑潮，与深海看不见的热盐环流构成了全球尺度的大洋环流。我们对大洋环流的认识，比如原来把上层海洋的风生环流与深海的热盐环流截然分开，发展到现在的上层洋流既有风生又包含热盐的部分，深海洋流也受上层风的影响。即使两极冷海水没有下沉，大洋输送带断了，深层的一支没了，上层洋流依然存在，只是强度减弱而已。鉴于人类进入洋底面临的困难，对深海的认识我们仍在起点。

　　未来热盐环流研究面临最大的挑战是在洋底实地原位测量深海的洋流。从全球大洋输送带的示意图（图 5-18）不难看出，对太平洋的热盐环流认识更是不足。

　　文学作品赋予大海众多象征：时而象征母亲，时而象征生命，时而象征自由，时而象征挑战，时而象征知识；年轻的朋友，后者则是：

图 5-18 从南极俯视全球大洋输送带

学海无涯苦作舟。期盼能为缺失的太平洋热盐环流图补上浓浓一笔的是中国人——亲爱的读者，你！

第六章

近海环流
——孕育生命的流动

近海与大洋有何不同

近海，是大洋的边缘，是从陆地走向大洋、走进深海的重要通道。大洋离陆地遥远，受陆地的影响较小，海洋要素如温度、盐度等不受大陆影响，盐度平均值为 35，且年变化小。近海则不然，海水的温度、盐度、颜色和透明度，都受周围大陆的强烈影响，多有明显的季节变化。夏季，强烈的太阳辐射可使近海浅水快速升温；冬季，情况则相反，水体温度急剧降低，有的海域，海水还会结冰，如我国渤海每年冬季都有不同程度的结冰现象。在江河入海的地方，或多雨的季节，海水会变淡。由于受陆地影响，河流挟带着泥沙入海，近岸海水浑浊不清，海水的透明度较差。

与动辄深至几千米、甚至上万米的大洋相比，近海的水深要浅得多，平均深度从几米到两三千米。水深从大洋向近海的急剧变化造就了近海独特的潮汐和环流系统。潮波由大洋传入近海后，由于缺少继续传播的路径，会发生反射和绕射，并形成能量的聚集，使得近海海水的涨落往往比大洋明显得多。比如：我国杭州湾的最大潮差可达 8.9 米。潮波与地形剧烈地相互作用，在底边界之上形成了较强的湍流混合区，全球 80% 的潮汐能量都耗散在近海浅水区域。与"深不见底"的大洋相比，近海环流受岸界和地形的影响明显，能很好地感知地形的变化。岸界的存在是近岸上升流、风生沿岸流、波生沿岸流等众多沿岸流系形成的必要条件；水深变化则在一定程度上决定了沿岸密度流的扩展尺度和输运能力。

虽然近海只占到了全球海洋 11% 的面积，但千百年来却是人类海上生产活动的最主要场所。近海复杂而多变的环境为不同生活习性的生物类群提供了良好的生存空间，使得近海生物资源丰富，水域生产力较高，近海渔获量可达海洋总渔获量的 80% 以上。近海环流在拓展物种的生存空间方面具有重要作用。在流动范围和体积输运上，近海环流或许不如大洋环流那样气势磅礴，但对局部范围内海水温度、盐度、悬浮物、营养盐以及气体和其他物理、化学因素的影响，尤其是对入海陆源物质的输运、迁移和转化方面的作用重大。陆源营养物质大量注入近海，使其成为海洋生物生长和繁殖的重要栖息地。近海复杂的地形、潮流、环流及气候系统的多样性进一步造就了近海生物种类丰富的生态系统。

上升流
——大渔场的摇篮

秘鲁沿岸海域是世界著名渔场，水产资源十分丰富，与日本北海道渔场、英国北海渔场、加拿大纽芬兰渔场并称为世界四大渔场。秘鲁渔场位于秘鲁沿岸宽度约 370 千米的范围内，盛产 800 多种经济鱼类及贝类，尤其是鳀鱼等冷水鱼类在方圆 200 海里的区域聚集。鳀鱼的骨骼是鱼粉工业的主要原料（平均每 5.3 吨鳀鱼可制 1 吨鱼粉），秘鲁所获鳀鱼的 90% 以上用来制作鱼粉和鱼油，而超过 90% 的渔产品用于出口。秘鲁的鱼粉出口量居世界首位，销往 50 多个国家和地区。

为什么秘鲁渔业资源如此丰富？这与秘鲁沿海得天独厚的自然条件是分不开的。研究发现，秘鲁沿岸水温较低，同时更重要的是秘鲁沿海上层海域含有大量的硝酸盐、磷酸盐等营养物质；加之沿海多云雾笼罩，日照不强烈，利于沿海的浮游生物大量繁殖，为冷水性鱼类，特别是鳀鱼（喜 20℃ 以下的冷水）的繁殖和生长提供了极有利的条件，因而秘鲁沿海一带便成为世界著名的大渔场。

为什么秘鲁沿岸水温较低，并且上层海域含有大量的营养物质？这与秘鲁沿岸的上升流密切相关。近岸上升流是近海海洋学中最著名的现象之一，其形成主要是由于埃克曼离岸输运导致的埃克曼抽吸运动。

　　秘鲁沿岸处在东南信风带内，东南信风从南美大陆吹向太平洋，埃克曼输运使沿岸表层海水离岸而去，而原海域流走的海水则由深层的海水来补充，深层海水上翻，带来了海底丰富的营养盐类，浮游生物大量繁殖，为鱼虾提供充足的饵料；与此同时，由于深层海水温度较低，上升流将深层海水带至表层会形成较低的海温（图6-1）。

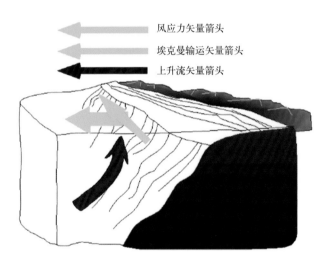

图 6-1　秘鲁 – 智利沿岸上升流示意（引自 http://www.naylamp.dhn.mil.pe/enlaces/afloramiento_costero.htm）

　　近岸上升流对于海洋上层的初级生产力有着至关重要的作用。深海水域中含有丰富的营养成分，包括硝酸盐、磷酸盐和硅酸盐，它们是表层水下沉的有机物质（浮游生物碎屑）分解的产物。当上升流将其带到海洋表层，这些营养物质被浮游植物利用，连同溶解于海水中的二氧化碳和来自太阳的光能，通过光合作用产生有机化合物。因此，与海洋中其他区域相比，近岸上升流区域有着非常高的初级生产力（浮游植物固碳量）水平。

　　由于上升流区是海洋生产力的重要来源，而且涉及整个营养级中上百种物种，所以上升流区生态系统的多样性一直是海洋研究的焦点。在上升流区营养级模式的研究方面，科学家发现，上升流区生态系统具有"蜂腰"结构（上升流区食物链结构为浮游植物→浮游动物→捕食性浮游动物→滤食动物→肉食性鱼类→海洋鸟类和海洋哺乳动物）。这种"蜂腰"结构具体表现为，在高和低的营养级上具有丰富的物种多样性，然而，在中间营养级上仅有一个或两个物种。在低营养级层次上，物种多样性非常好，平均大约有 500 种桡足类、2500 种腹足类和 2500 种甲壳类物种。在高营养级层次上，物种多样性也非常好，平均大约 100 种海洋哺乳动物和 50 种海洋鸟类。但是，重要的中间营养级物种却只是以浮游植物为食的小型鱼类，或是鳀鱼，或是沙丁鱼，通常只有一个物种存在，偶尔有两种或三种存在。这些小型的、以浮游植物为食的鱼类是大型的、营养级中的上层鱼类——海洋哺乳动物和海鸟等食肉动物的重要食物来源，虽然它们不是在营养金字塔的最低端，但是它们是连接整个海洋生态系统，并保持上升流区的生产力如此之高的重要物种。

　　在世界范围内，与上升流区相关的有六大海区（图 6-2）：加那利海流区（非洲西北部沿岸），本格拉海流区（非洲西南部沿岸），加利福尼亚海流区（北美洲加利福尼亚州和俄勒冈州沿岸），秘鲁海流区（拉丁美洲秘鲁和智利沿岸），西澳大利亚海流区（澳大利亚西部沿岸）和索马里海流区（非洲索马里和阿曼沿岸）。所有这些沿岸流区都伴随着强烈的上升流，渔业资源非常丰富。这六大沿岸流海区包括了大洋环流中的五大东部边界流，即加那利海流、本格拉海流、加利福尼亚海流、秘鲁海流以及西澳大利亚海流，东部边界流海区占据了世界绝大多数的上升流海区。其中，本格拉海流是南大西洋副热带环流圈的东部边界流，可分为北部和南部两个海流系统，每个海流系统中均有强烈的上涌发生，并且南北两个海流系统被吕德里茨沿岸上涌区分割，吕德里茨沿岸的上涌区是世界上最强的上升流区。在我国近海，类似舟山渔场这样的大渔场也与上升流密不可分。所以说上升流是产生渔场的摇篮。

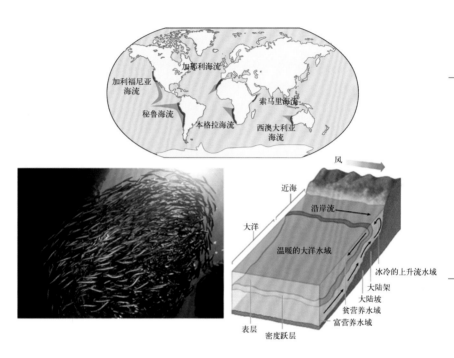

图6-2　世界上升流海区分布图以及北半球近海上升流示意（引自 http://www.trunity.net/sample_textbook/view/article/51cbf39e7896bb431f6ad7ad/?topic=5242dff00cf264abcd85d549）

沿岸等深流
——物质输运的通道

    沿岸等深流是大体与岸线走势相平行，基本沿着等深线流动的海流。它的成因比较复杂，包括由于风力作用或径流入海作用，形成沿着局部海岸流动的海流以及在海岸带由于波浪作用形成的近岸流系。

    风吹过海面时，当岸界位于风向右侧时，埃克曼输运作用会使水体在岸界处堆积，继而造成水体压力分布的不均匀，形成压强梯度力，其作用方向为由高压指向低压，大小与压力梯度呈正比。压强梯度力将推动水质点由高压流往低压，水一流动科里奥利力便立即作用而促使流向偏右，最后形成与压力梯度力方向垂直的流动，即沿岸地转流（图 6-3）。

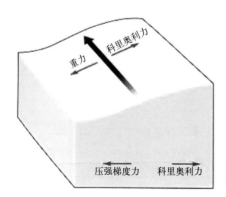

图 6-3　沿岸风形成的沿岸流示意（引自 Keith Stowe, 1996. Exploring Ocean Science. 2nd ed. John Wiley & Sons.）

可以看出，沿岸风在上述沿岸流的形成中起到了重要作用。埃克曼输运导致的水体再分布及对应的压强梯度力是这类地转沿岸流的形成机制。上述沿岸流的形成过程中，并未涉及密度场的变化，对均质水体而言，这一类型的地转流，由表层至海底（除海底摩擦层外）具有相同的流速流向。然而在实际海洋中，海水一般存在层化，特别是沿岸流对应的近岸区域，受入海径流的影响明显，径流的扩散混合过程则可能形成浮力驱动的沿岸密度流。

入海径流携带了大量的动量入海，离开河口后，先在惯性作用下沿河口方向向外扩展。考虑其低盐特性，径流水主要分布在海洋上层，与下层外海水之间存在大的密度和速度差异，容易形成剪切不稳定导致混合。混合效应一方面会减弱冲淡水和外海水的密度差异，另一方面则会使动能向重力位能转化，减弱冲淡水的扩展速度。受科氏力的影响，北半球冲淡水离开河口后会向右偏转（图6-4）。右偏的低盐冲淡水在科氏力的影响下有向右侧岸界辐聚的趋势，在靠近岸界一侧低盐水辐聚下沉，远离岸界一侧高盐水辐散上升，此过程伴随有混合发生。顺流观测的话，在北半球密度小的海水在右侧，密度大的海水在左侧，海表面高度右侧高，左侧低，等压面自左向右倾斜（图6-5）。一般认为，右偏冲淡水的前端是强的湍流混合调整区，后端则为地转密度流，入海径流的浮力驱动是形成这一类型沿岸流的主要原因。与均质水体的地转流不同，密度差异导致的压强梯度力随深度逐渐减弱，对应的浮力驱动的沿岸

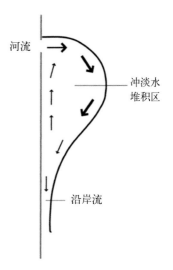

图6-4　径流入海形成沿岸流的示意图，近河口区形成一再循环环流区，河口下游形成窄的浮力沿岸流

流随深度的增加流速逐步减小，直到等压面与等势面平行的深度上流速为零。

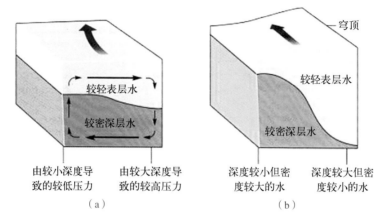

图 6-5　浮力驱动沿岸流的调整过程
（a）调整初始阶段；（b）调整结束阶段

　　考虑底边界在沿岸密度流中的不同作用，浮力驱动的地转密度流又可以分为表层局限型和底层输运型（图 6-6）。对表层局限型来说，沿岸流主要局限在海洋上层较薄的范围内，底边界对上层海洋密度结构和环流的影响不大；对底层输运型来说，由底摩擦力引起的底边界埃克曼输运是沿岸水团向外海扩展的主要驱动力。如前所述，浮力驱动的沿岸流随深度逐渐减弱，至底边界处流速若尚未减弱为零，由于底摩擦的作用，则会形成离岸方向发展的底埃克曼流。底埃克曼输运会推动沿岸流对应的锋面进一步向外海移动，直至达到某一临界深度处，沿岸流在底层的流速减弱为零，底埃克曼层消失，锋面达到其稳定位置。

　　浮力沿岸流的形成和调整过程不可避免地受到风场、潮汐等外强迫的影响。风场既可以通过辐聚辐散调整海面高度，直接影响沿岸流的大小，也可以通过混合、对流等对密度场进行调整继而影响沿岸流。上升流风可以使沿岸流对应的低盐水向外海扩展，上升流风引起的环流变化甚至可以使沿岸流反向；下降流风则可以使沿岸水系紧贴岸界发展，对沿岸流有增强作用。浮力驱动的沿岸流对近海动力－生态环境的影响并不仅仅是淡水通量本身，而且是其巨大的催化剂效应。一般来说，浮力驱动的沿岸流输运量远大于入海的径流量。径流水和外海水的不断混合，使得二者密度差异逐渐减弱，在总淡水输运不变的情况下，需要的体积输运可达径流量的十数倍，对近海的物质输运有重要影响。

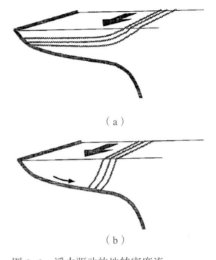

（a）

（b）

图 6-6　浮力驱动的地转密度流
（a）表层局限型（surface-trapped）沿岸密度流；
（b）底层输运型（bottom-advected）

　　海浪向近岸的传播破碎也可以形成沿岸流。波浪斜向传播到浅水区，由于水深减小，发生浅水变形，引起波陡增大，最终破碎。波浪破碎后波浪动量流沿岸分量在通过碎波带时的变化并不能由平均水面坡降力所平衡，会驱动沿岸方向的海水运动。因此，处于衰减中的表面波，将沿岸波动动量转化为时均沿岸流动，也就是波生沿岸流（图 6-7）。可以看出，对波生沿岸流的讨论并不涉及科氏力，也即是说其水平尺度较小，主要发生在离岸较近的波浪破碎区。波浪破碎导致的沿岸流量值可达 1 米/秒，对海岸泥沙的输运有重要作用，是沿岸漂沙的重要驱动力，对海岸带污染物的输移和扩散有重要影响。

　　中国近海沿岸流是构成整个海区环流的重要部分。它始于渤海湾西部，沿大陆海岸南下，主要是由江河入海的径流组成的低盐水流，是风和浮力共同驱动的沿岸流。因其在向南流动的过程中并不完全连续，故按所在地区的不同而具有不同的名称，自北向南分为辽南沿岸流、鲁北沿岸流、苏北沿岸流、浙闽沿岸流和广东沿岸流。

辽南沿岸流指辽东半岛南岸自鸭绿江口向西南流动的一股海流，是北黄海气旋环流的一个组成部分。它主要由鸭绿江的径流组成，其季节变化主要取决于鸭绿江的径流量和辽南一带的风。该沿岸流的特点是流向终年不变，夏季流速稍大，流幅较窄，强盛时可越过渤海海峡进入渤海口；冬季流速较小，流幅较宽。

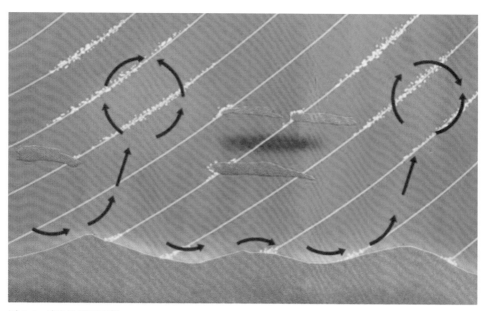

图 6-7　波生沿岸流示意

鲁北沿岸流由黄河、海河等入海径流组成。从渤海湾西部起，沿山东半岛北岸东流经成山角南下，以流动路径终年不变为其主要特征。在成山角附近，除小部分汇入黄海暖流外，绝大部分海水往南或西南流动。成山角以南因海域宽阔，鲁北沿岸流的势力减弱，流速减小。

苏北沿岸流起源于海州湾附近，沿岸南下至长江口以北，然后离岸转向东南越过长江浅滩进入东海北部。在南下过程中，一部分海水与黄海暖流构成一个气旋式环流；另一部分南下至长江口附近，逐渐转向东北与长江冲淡水混合。混合后的海水，一部分在济州岛以南汇入对马暖流，大部分则随同黄海暖流北上。冬季因风场稳定，风力较强，助长了沿岸流的发展，沿岸流的势力比夏季要强。在沿岸流增强的同时，因补偿机制的作用，北上的黄海暖流也得以加强。

浙闽沿岸流分布在长江口以南浙江和福建沿岸，起源于长江口和杭州湾海域，由长江和钱塘江的径流入海后形成，沿途还有来自瓯江和闽江的径流加入。该沿岸流的主要特点是盐度低，盐度值的区域差异和季节差异明显，流幅夏宽冬窄，范围北大南小，流速夏强冬弱，路径随季节而异。除夏季外，长江径流大多汇集在杭州湾附近，穿过舟山群岛而南流。冬季，在强劲的东北风吹刮下，沿岸流往南势力很强，可顺着海岸进入台湾海峡抵达南海北部。夏季，正值长江汛期，大量淡水入海后向外冲溢，在偏南季风的作用下，长江冲淡水的低盐水舌指向济州岛方向，且台湾暖流也以夏季较强，所以沿岸流南下势力大减，一般进入不了台湾海峡。

广东沿岸流是指广东沿岸东经 116° 以西的海流，主要包括粤东、珠江和粤西三个沿岸流系。其盐度较低（夏季最低盐度为 12），流速较大，在珠江口附近平均为 25 厘米 / 秒，最大可达 70 厘米 / 秒。流向亦随季节盛行风而变，冬季沿广东沿岸向西南流向湛江港，沿雷州半岛南流，分为两支，一支沿海南岛东岸继续向西南流，另一支在海南岛东北转向东北流，形成湛江港环流；夏季则自湛江港起一致流向东北。

虽然河流入海的泥沙绝大部分会沉积于河口区，但在潮流和波浪的作用下，底层泥沙会再悬浮，并通过沿岸流的输运完成泥沙在整个海区内的再分配。经由河流入海的泥沙是陆源污染物及营养盐的重要载体；海水中泥沙浓度的分布直接影响水体的透光度，进而影响浮游植物的生长；近海泥沙的沉积则会影响底栖生物的生活环境。因此，泥沙的输运过程会对海洋的物理、化学和生物过程产生重要影响，进

而影响海洋的生态环境和海洋资源的分布。

　　我国东部近岸海区是世界上少有的高浊度海区，但大多数细颗粒泥沙却仅来源于黄河和长江。在沿岸流的作用下，河口再悬浮泥沙被搬运到不同的沿岸海区。黄河的泥沙排放量位列世界河流中的第一位，多年平均值为 9.21 亿吨，长江的泥沙排放量是黄河的 1/3，大约为 3.51 亿吨。黄河排放的泥沙通过渤海的沿岸流能够输运到黄海；而长江口的再悬浮泥沙在冲淡水的挟带下，会摆脱河口"束缚"进入杭州湾，并借助浙闽沿岸流向南沿浙闽海岸输运，离岸输运也可以到达东经 123º15′ 的东海陆架区域。不仅如此，冬季由于风浪的搅拌作用，悬浮物浓度要远高于夏季；在苏北沿岸流的作用下，苏北浅滩的泥沙甚至能够向东南输运到韩国的济州岛西南。

逆风流
——联系大洋和近海的桥梁

    近海环流中存在一个非常有趣的现象，部分海域的海流并不是像上一节风生的沿岸等深流那样顺风流动，而是逆风而行。中国近海海域有宽阔的大陆架，海洋学家管秉贤提出的中国东南陆架暖流系统（包括南海暖流、台湾海峡暖流以及台湾暖流）在冬季均为逆风流，海洋学家方国洪提出的"3T暖流系统"（台湾暖流、对马暖流以及津轻暖流）也均为逆风流动。美国的CODE（Coastal Ocean Dynamics Experiment）海洋观测计划在俄勒冈州和加利福尼亚州沿岸陆架海域也观测到了冬季存在的逆风海流。

    不仅在陆架海域，在一些大型湖泊或半封闭的海湾也同样会出现逆风流动。黄海是一南北延伸的沟状半封闭海湾。冬季，在陆上的西伯利亚高压和海上的阿留申低压相互作用下，黄海海域常有寒潮引发的大范围的西北大风天气、剧烈降温和降水。特殊地理特征和明显的气候性变化，形成独特的逆风海流——黄海暖流。黄海暖流水是黄海唯一的外海水源，具有低溶解氧和高温高盐的特征，它携带外海的暖水向北输送，由于水温较周围水体要高，形成了一个从济州岛南侧和西南侧海域呈舌状向西北方向伸展的暖舌结构，故称黄海暖流。

    近海逆风流动是如何形成的呢？美国海洋学家Csnasdy于1982

年提出经典的"三明治"逆风流结构，即海区中部的逆风流动夹在两支顺风流动的边界流中间。在封闭的大型湖泊或者半封闭的海湾中，近岸海水在风的驱动下顺风运动，导致在风向上游区域水体不断流失而在风向下游区域水体不断堆积，从而形成逆风向的压强梯度力，在压强梯度力的驱动下，中部形成了逆风流动，这就解释了为什么北向黄海暖流夹在南向的朝鲜沿岸流与苏北沿岸流之间。逆风流动形成的另一种机制是风的松弛效应，在风的作用下海洋会形成逆风向的压强梯度力与之平衡，在风松弛之后原有的动量平衡被打破，海水在压强梯度力的驱动下逆风向流动，美国近海海洋学家 John Allen 等基于该理论解释了俄勒冈州和加利福尼亚州沿岸观测到的逆风流形成机制。

上述两种逆风流理论均没有考虑地球旋转效应，但是在一些空间尺度较大的陆架海域，地球的旋转效应不可忽略，对逆风流动的形成起着重要的作用。其实观测到的许多逆风流动以地转流为主均说明沿着逆风流方向的压力差并不是驱动逆风流的原因，而垂直于逆风流的压力差才是最重要的。比如美国海洋学家 Hsueh 指出，由于南海暖流是地转流，偏北向流动的南海暖流并不是由南北向的压强梯度力驱动的，跨陆架的压力差（东西方向）才是其主要的驱动力。在南海陆架海域，地球的旋转效应使得海洋中可以形成一种低频陆架波动——地形罗斯贝波，黑潮入侵南海造成的南北压力差通过地形罗斯贝波的调整最终形成的东西向压力差是南海暖流的主要机制。另外地形罗斯贝波通过改变海面压力场的分布还可以改变逆风流的位置，例如，冬季黄海暖流并不是沿着黄海海槽北上的，而是偏向黄海海槽西侧，沿黄海西侧陆架北上，其位置西偏与黄海中的地形罗斯贝波调整过程有着密不可分的关系。

近海逆风流动多为暖流，而逆风暖流在区域气候的形成与变化中起着至关重要的作用。以黄海暖流为例，一方面，黄海暖流不仅仅补偿了冬季沿岸南向流造成的水体损失，由于其携带的高温高盐水体还将大量的热量输送到黄海中部和北部，并通过海气相互作用将热量释放于大气中，从而影响局地大气环流，进而影响区域气候；另一方面，黄海暖流释放热量，还向大气释放大量的水汽，从而影响黄海以及周边国家的降水，进而影响区域气候。

　　逆风流在物质和能量的输运方面扮演着重要的角色。对类似黄海、渤海这样的半封闭陆架浅海来说，逆风流决定其与外海的热量、盐量以及海洋污染物质的交换和营养盐、悬浮物、污染物的输运，从而对黄海、渤海的海洋初级生产力、生态系统、沉积物分布以及海水自净能力等产生重要影响。

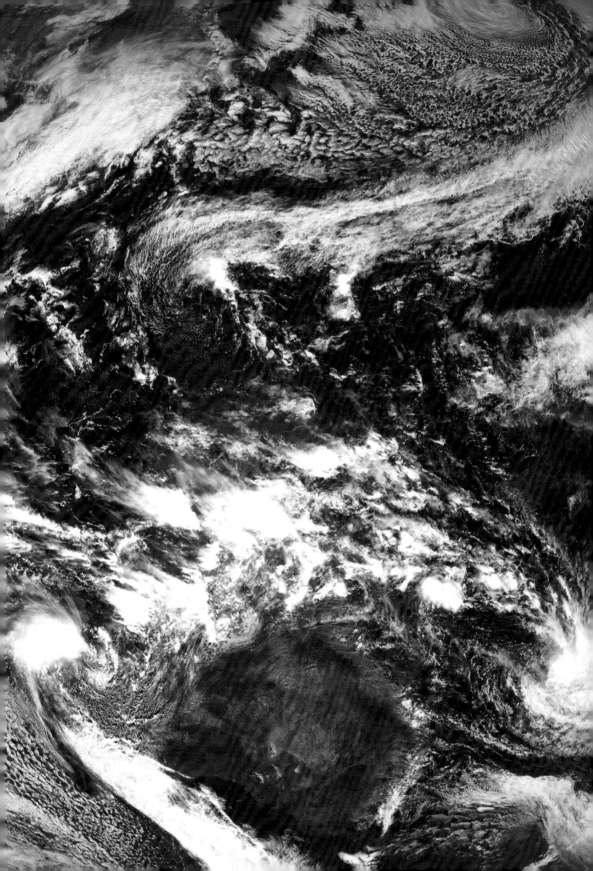

第七章

热带海气相互作用
——和谐的交响乐章

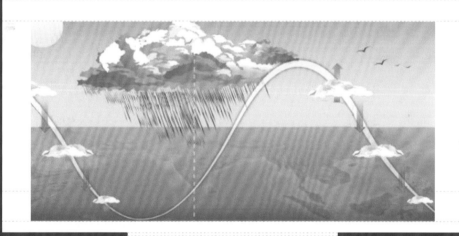

厄尔尼诺－南方涛动
——强大的主旋律

厄尔尼诺－南方涛动（El Niño-Southern Oscillation，ENSO）现象无疑是热带海洋与大气耦合系统中的主旋律，也是地球上强度最大、影响最广、可预测程度最高的短期气候变化。厄尔尼诺是指赤道太平洋东部和中部每隔几年发生一次的大幅度海水异常升温。由于这一现象总是在圣诞节前后最为显著，所以几个世纪以来一直被秘鲁渔民称为"上帝之子"（"厄尔尼诺"的西班牙语原意）。随着人们对其全球影响的认识，厄尔尼诺在最近几十年得到了科学家和社会各界的广泛关注。特别是发生于 1997/98 年的所谓"世纪事件"，是有史以来观测最全、报道最多的厄尔尼诺事件，将人们对这一现象的兴趣推向了高潮。从那以后，厄尔尼诺几乎成了一个家喻户晓的字眼，经常被当作世界各地不正常天气和气候变化的罪魁祸首。虽然媒体和公众对其作用和影响未免有所夸大并有失公允，但不可否认的是，厄尔尼诺在地球的海洋和气候系统中扮演着十分重要的角色。

要了解厄尔尼诺的动力机制，必须认识到它是热带太平洋海气耦合系统中一种不稳定振荡（即 ENSO）的一部分，振荡的冷位相称为"拉尼娜"（La Niña），而其大气部分则称作"南方涛动"。如图 7-1 所示，在拉尼娜状态下，赤道表面东风使得东西方向海表温度梯度加强，而后者通过气压场又进一步强化东风；在厄尔尼诺状况下，赤道东风减弱，暖水和大气深对流东移，海表温度梯度减小，进而进一步弱化东风。美国加利福尼亚大学的Bjerknes教授在20世纪60年代最早提出了这一正反馈机制，第一次从海气相互作用的角度将海洋中的厄尔尼诺/拉尼娜现象与大气中的南方涛动现象联系起来。然而，Bjerknes机制只能解释ENSO的生长过程，不能解释ENSO冷暖位相之间的转换。在随后的研究中，人们发现控制ENSO循环的基本物理过程有两个：一是上述纬向表面风和温度梯度之间的正反馈；二是热带海洋动力过程的延时负反馈（特别是上层海洋热容量的充放电效应），使得整个海气耦合系统在冷暖位相之间振荡。由于系统的非线性特征和随机过程的影响，ENSO振荡的周期和振幅都不规则，因而不易预测。

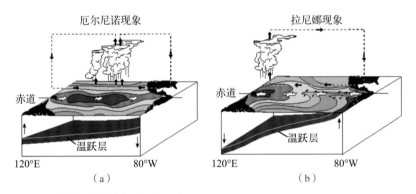

图7-1　热带太平洋海气耦合系统示意
（a）厄尔尼诺；（b）拉尼娜

　　ENSO通过改变热带大气的加热过程造成全球大气环流的扰动，从而引起世界范围内的短期气候变化，包括洪涝和干旱灾害，对社会经济和生态系统产生极大影响。因此，提前一到数个季节预测厄尔尼诺对于防灾减灾和社会可持续发展具有重要意义。然而直至20世纪80年代初期，人们对ENSO基本上不具备监测和预测的能力。事实上，当极具破坏性的1982/83厄尔尼诺正在如火如荼发生之时，一群在普林斯顿开会研讨 ENSO 的顶尖科学家还完全蒙在鼓里。这种状况极大地激发了国际上研究 ENSO 的热潮，使得为期 10 年（1985—1994 年）的大型国际研究热带海洋与全球大气（TOGA）计划得以顺利实施。TOGA 计划从一开始就以当时刚刚兴起的海气耦合 ENSO 理论为依据，以认识和预测 ENSO 为目的，以最新的观测技术为支撑，在整个赤道太平洋设计布放了一个迄今仍在运行的长期浮标观测阵列（TAO/TRITON，图 7-2），实时观测上层海洋和底层大气的变异。这一计划达到了观测、理论和模拟的高度统一，对研究、监测和预报 ENSO 乃至全球短期气候变化起到了非常重要的作用。

TOGA 计划极大地促进了热带海气相互作用的研究和海气耦合模式的发展。最早用于 ENSO 预测的海气耦合模式是 20 世纪 80 年代中期由哥伦比亚大学的 Cane 和 Zebiak 教授建立的模式。它成功地预报

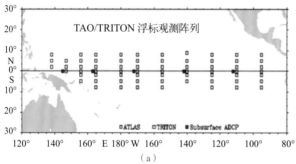

（a）

（b）

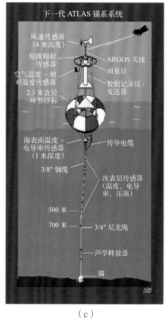

（c）

图 7-2　热带海洋与全球大气（TOGA）计划建立起来的赤道太平洋浮标观测阵列（TAO/TRITON）
（a）浮标布放位置；（b）浮标布放实况；（c）浮标结构

了 1986/87 厄尔尼诺，从而第一次显示了短期气候预测的可能性。这一模式（现在又名 LDEO 模式）在 ENSO 的理论研究和业务化预测中有着极为重要的历史地位，至今仍在发挥积极作用。受它的鼓舞，过去 20 年里涌现出大量不同类别和复杂程度的气候预测模式。它们总的来说可分为三类：纯粹的统计模式、物理海洋加统计大气的杂交模式以及完全物理的海气耦合模式。最后一类按复杂程度又可分为中等耦合模式和耦合的环流模式。从理论上说，这类模式应该高于其他两类因而具有更大的发展潜力，但目前在预测能力上它们还没有很明显的优势。对于提前一到两个季节来说，各类模式的预测水平差不多，但有研究表明，多个模式的集合比任何单一模式的预测效果都要好得多。另外，模式的预测能力呈现年代际变化，比如 80 年代就好于 70 年代和 90 年代，而且预测大的 ENSO 事件的能力明显高于小事件。

研究热带海气相互作用机制并以此为基础进行短期气候预测是国际科学界当前的热门话题之一，也是近 20 年来海洋与大气科学最富有成效的领域之一。其中尤以 ENSO 的研究和预测最为活跃，是 TOGA 以来诸多大型国际研究计划如"气候变率和可预测性"（CLIVAR）的聚焦点。经过系统的观测、理论和模拟研究，目前 ENSO 预测已成为许多国家业务化气候预测的首要内容。但对其可预测程度仍存在相当大的争议。由于 ENSO 强烈的全球影响，对热带太平洋海温的预测也已成为全球气温和降雨季节性预测的基础。譬如国际气候预测研究所（IRI）的业务化季节性预测系统就依靠一组 ENSO 模式的集合来提供底边界条件。主要是因为厄尔尼诺的可预测性及其全球影响的量化，才使得热带乃至全球的短期气候预测由梦想变成了现实。然而，具体到特定的 ENSO 事件，模式的实际预测能力仍不尽如人意。特别令人费解的是，虽然模式越做越复杂，其预测能力却在很长的时间里没有多大提高，说明我们目前对 ENSO 的机理和可预测性的认识还存在相当大的不确定性，因而还有极大的改进空间。

经典的 ENSO 理论基于热带太平洋的海气相互作用，给出一个周

期性的、对称的、自我维持的年际振荡，为解释 ENSO 现象提供了一个基本的动力框架。而实际观测到的 ENSO 相当不规则，厄尔尼诺与拉尼娜之间存在很强的非对称性，每一个 ENSO 事件都不同于其他事件，而且 ENSO 还存在年代际和更长时间尺度上的变化。这些显然无法用经典理论来解释。因此，近年来的 ENSO 研究集中在以下几个方面：第一，ENSO 的多样性及其分类，特别是对于发生在国际日期变更线附近的一类所谓"中太平洋厄尔尼诺"事件以及极端厄尔尼诺事件的关注；第二，ENSO 的低频变异，特别是热带 – 副热带相互作用对 ENSO 年代际变化的可能调制作用；第三，海盆间相互作用，特别是热带太平洋与印度洋通过西太 – 东印暖池的相互作用，对 ENSO 以及印度洋偶极子（IOD）的影响；第四，也是最重要的，是进一步提高 ENSO 预测能力的可能途径。

热带季节内振荡
——优美的圆舞曲

　　热带季节内振荡通常指发生在热带区域，周期一般在30～60天之间的变化（图7–3）。这类振荡总是伴随着强风和强降水，会给经过区域带来灾害性天气。

　　热带海洋表面的温度很高，海水上方的大气常常会变得不稳定。

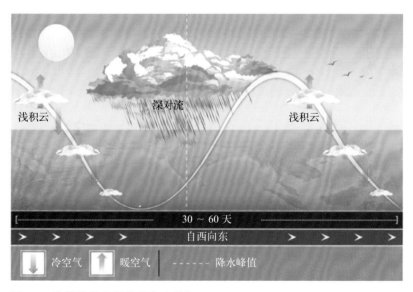

浅积云　　　　深对流　　　　　　　　浅积云

30～60天

自西向东

冷空气　暖空气　－－－－－降水峰值

图7–3　热带季节内振荡示意（引自 http://www.pnnl.gov/science/highlights/highlight.asp?id=1032）

就像我们从下面加热水壶中的水一样，大气也被下面高温的热带海水加热，从而产生从大气层底部一直到对流层大气顶部的强烈对流。这种强对流把大量水汽从海表带到高空，为成云致雨创造了良好的条件。事实上，强对流形成需要的条件比较苛刻。虽然大洋广阔无垠，但强对流很难在非常大的范围内同时生成。因此在热带，我们常见的强对流现象的空间范围只有几百千米，而且它们的发生有非常大的偶然性和随机性，其规律一般来说也难以捉摸。

然而，有一类特别的季节内振荡却在杂乱无章的热带对流中形成了非常有规律的结构，就像纷乱的热带对流中出现的一支流畅的圆舞曲一般。这类季节内振荡最早由 Madden 和 Julian 教授发现，因此被命名为 Madden-Julian 振荡，简称 MJO。通常来说，MJO 首先在热带西印度洋出现。在北半球冬季，MJO 以向东传播为主，在东印度洋、印度尼西亚海域和西太平洋上空达到最大。过了国际日期变更线后 MJO 变弱，在大气层的低空已经很难觅其踪迹，但在高空仍然可以探寻到 MJO 的信号。在热带东太平洋，由于海表温度增加，MJO 的信号又会有所加强，进而会延伸到热带大西洋。有些强的 MJO 事件会一直自西向东穿过大西洋，重新回到热带印度洋上空，从而完成绕地球一周的环游。在北半球夏季，向东传播的 MJO 信号依然存在，但同时有很大一部分会在东印度洋和西太平洋区域北转，分别向印度半岛和我国南海区域传播。这些向北传播的 MJO 和亚洲季风系统有密切的联系，可以直接导致季风的暴发以及季风过程中间歇性的强降水。

在 MJO 的整个传播过程中，强烈的积云对流给热带印度洋和西太平洋带来强降雨。MJO 过程中形成的云大多为对流云，是由于大气底层太热，从而造成强对流形成的云。这和中纬度地区（如我国北方地区）常见的云在形态上有明显的不同。从卫星上俯瞰由 MJO 造成的对流云时，通常看到的景象如图 7-4 所示。

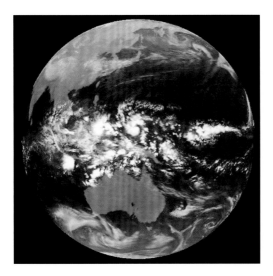

图 7-4　卫星观测到的 MJO 造成的对流云

　　季节内振荡在 20 世纪 70 年代才被发现，因此在整个热带大气和海洋系统的各类现象中是比较年轻的成员。当时人们还缺乏全球化的观测手段，也缺少高空的观测。但 Madden 和 Julian 通过对热带地区众多气象观测站的气压观测，发现在 30 ~ 60 天的周期范围内总是有显著的变化。因为这个周期范围长于通常的天气过程的周期（一周左右）而短于一个季节（三个月）的时间，所以他们把这种变化称为季节内振荡。

　　随着观测手段的不断改进，特别是卫星遥感的应用，人们可以在全球范围内监测大气与海洋中的多种物理量。人们逐渐发现 MJO 的信号可以体现在不同物理量上，比如风速、降水量、位势高度等，而且 MJO 在空间上有很好的组织结构，空间范围可以达到上万千米，即为通常热带对流尺度的 10 倍左右。因此，MJO 是一个影响全球的大范围物理现象。

　　季节内振荡最早被大气科学家所发现，而且在较长的时间内也被认为是主要在大气中的现象。但最近的研究结果表明，季节内振荡与海洋存在着千丝万缕的联系。首先，季节内振荡需要大气底层的加热，因此高海表温度对生成 MJO 非常有利，甚至是必须的。由水汽蒸发从海洋输入到大气的潜热也是维持 MJO 的重要因素。海洋的作用对 MJO 的生成似乎有尤为显著的作用。一个有趣的事实是，虽然高温海水对热带对流的生成非常有利，但 MJO 却并不在海温最高的称为印度洋－太平洋暖池的区域生成。MJO 形成的西印度洋海温比暖池略低，但海温在水平方向上的梯度却较大，这意味着海温的梯度在 MJO 生成过程中可能起着至关重要的作用。但这种假设还需要进一步的研究来证实。

海洋反过来也会受到 MJO 的显著影响，特别是 MJO 过程中强风和强降水的影响。在热带东印度洋和西太平洋观测都表明 MJO 的影响可以达到海表以下上千米。MJO 过程的强降水能显著降低海洋表层的盐度，从而改变海洋上层的热力结构，影响海洋对大气的热量输送。现在越来越多的研究开始关注海洋与 MJO 之间的相互作用，但 MJO 是否能被称为一种海气耦合现象还没有定论。

MJO 是热带区域强烈但有组织的物理现象。在热带海气相互作用的交响乐中，它就像一只优美的圆舞曲，每年会在热带印度洋和太平洋的广大区域上穿行 3 ~ 5 次。众多观测事实已经表明，MJO 与全球范围的天气和气候变化都息息相关，是联系天气过程和气候过程的桥梁，因而在地球系统中占有特殊位置。经过几十年的研究，我们已经可以及时地捕捉到 MJO 的信号，已经可以全面地描述 MJO 的特征。但我们对 MJO 的物理机制和发展规律还缺乏足够的认识，对 MJO 的数值模拟和预报水平还比较低。针对这种现状，国际上已经针对 MJO 组织了数个重大科研项目，希望多方位、多角度地深化人们对 MJO 的理解。MJO 已经成为热带海洋和大气研究的核心问题之一，有科学家甚至宣称 MJO 的研究就像是热带研究中的"寻找圣杯之旅"。热带季节内振荡还有众多科学上的未解之谜，等待着现在和未来科技工作者的不懈努力和不断探索。

台风和飓风
——疯狂的摇滚乐

    热带气旋是诞生于热带区域的中尺度天气现象，太平洋沿岸的国家习惯称之为"台风"（Typhoon），大西洋沿岸的国家则称之为"飓风"（Hurricane）。为方便起见，我们这里将其统称为台风。台风的雏形是热带洋面上许多弱小的涡旋，当涡旋中心洋面温暖，产生上升气流时，洋面上的水汽向中心辐合。上升的水汽凝结释放热量，又使涡旋增强，导致更多的水汽辐合。这样，原本弱小的涡旋便不断增强。根据强度由弱到强，我们依次称其为热带低压、热带风暴或强热带风暴，当其中心最大风速超过 32.7 米/秒时称为台风。

    台风宛如天神在热带大洋上奏出的一个疯狂而又精美的音符。它是逆时针螺旋向中心辐合的结构，直径通常达到几百千米至几千千米，其覆盖范围内常常伴随大风和暴雨，破坏力极强。但神奇的是台风中心却天气晴好、无风无雨，我们称之为"台风眼"（Eye），这是因为台风眼内以下沉的干燥气流为主。紧贴台风眼的区域存在着很强的上升气流，我们称之为"台风眼壁"（Eyewall）。台风眼壁是整个台风中风速最大、降雨最强、破坏力最大的部分。因而在台风眼经过时，当地居民经常能感受到"狂风暴雨中片刻的宁静"。台风的精妙结构总是让人不禁感叹大自然的奇妙（图 7-5）。

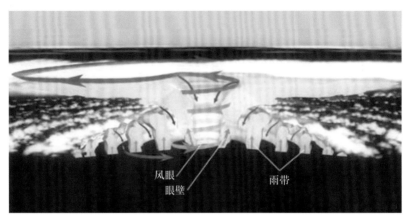

图 7–5　台风结构示意

　　作为自然界最为显著的现象之一，古人很早就对台风有所认识和记载。我国南朝刘宋时期的《南越志》中便写道："熙安多飓风，飓者，四方之风也；一曰惧风，言怖惧也，常以六七月兴。"后来清朝《岭南杂记》中更是有详细描述："……之气如虹如雾，有风无雨，名为飓母，夏至后必有北风，必有台信，风起而雨随之，越三四日，台即倏来，少则昼夜，多则三日，或自南转北，或自北转南……"然而，由于观测手段等限制，古人对台风的认识仅限于对其发生时令和伴随的天气现象做描述或记录。

　　到了现代，由于各种探测手段包括卫星、飞机探测、地面雷达、气球探测、水面浮标的兴起，人们已逐渐揭开台风神秘的面纱，我们已经对其结构、成因、运行方式等有所了解，甚至能够预测台风路径以及可能的登陆位置。在这里我们不得不谈及飞机探测台风的历史。相比于其他探测手段，飞机探测能最近距离提供台风内部准确的情报。据说起初是两个美国空军飞行员在酒吧里打赌，看谁有胆飞越台风。于是，1943 年 7 月 27 日，美国空军中校 Joseph P. Duckworth 驾驶一架单引擎螺旋桨教练机从得克萨斯州的空军基地起飞，先后两次成功进入了墨西哥湾的一个台风的风眼。他回忆道："当我们闯入飓风眼区时，很庆幸飞机居然完好无缺，我们还能看见太阳和海面，飓风眼看起来犹如一个巨大的倾斜的漏斗……"这是人类首次飞入台风眼。

在这之后，美国开始派出飞机进入西太平洋和大西洋的台风进行探测。这些飞机的驾驶员被骄傲地称为"飓风猎人"。他们操纵飞机穿透台风眼，在风暴中按既定的路线斜线飞行，飞到终点后转向，并借用强大的逆时针风力飞行。经过两次穿梭飞行，可以确定台风内部各方位风力、压强、湿度等。然而，这是一项危险的工作。1955 年，飓风"珍妮特"临近中美洲，美国海军照例派遣一架飞机侦测，但"珍妮特"的强度超过了以往的飓风，恶劣天气导致飞机失去控制，机上 7 名机组人员全部遇难。除此之外，历史上还有三架探测台风的飞机再也没有回来。如今由于无人机的逐渐普及，很多时候不再需要冒着生命危险去采集数据了。飞机探测展现了人类的胆识和勇气，当我们欣喜于技术手段的进步以及对自然现象的不断了解的同时，理应向那些为了人类探索自然的事业而牺牲的生命致敬。

台风生成需要满足一定的条件：第一，要有足够广阔的热带洋面，且洋面往下 60 米深处，水温一般超过 26.5℃。第二，有合适的大气流场，适宜的环流条件能起动和诱导高温高湿的空气产生扰动，使气流辐合上升。第三，有合适的地转偏向力（即科里奥利力），气流产生扰动后，需要一定的地转偏向力作用；赤道地区地转偏向力过小，向中心辐合的气流会直达低压中心，使之填塞而不能形成气旋性涡旋，所以南、北纬 5° 之内没有台风形成（图 7-6）。第四，风的垂直切变要小，风切变可以看作是大气的"剪刀"，当风的垂直切变小时，台风的暖心结构能够保持，进而能不断发展增强；东南太平洋和南大西洋均是因为垂直风切变太强，导致几乎无台风形成（图 7-6），因为它们在形成初期就被"剪掉"了。

台风的移动路径则主要受以下因素影响：第一，大尺度引导气流，即背景流场。如果说台风是漂浮于水面上一片旋转的叶子，那么引导气流就是带着它走的水流；引导气流决定了台风的主要路径。第二，

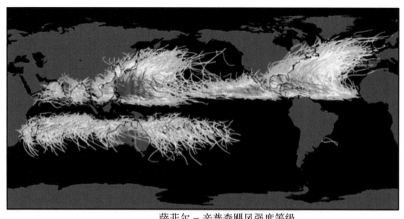

萨菲尔 - 辛普森飓风强度等级

热带低气压
热带风暴　　1　2　3　4　5

图 7-6　全球台风的路径和强度分布

地转偏向力。由于从低纬到高纬科氏参数逐渐增大，因而台风靠近赤道一侧受的科氏力会小于其靠近极地一侧，因而在没有其他作用抵消这个效果的情况下，台风会移向两极，即北半球往北移、南半球往南移。第三，其他因素如海岛及海岸的地形效应、"双台风"同时存在时相互吸引的效应等。这些因素的共同作用导致了台风形形色色的路径。

　　台风虽然是一个大气现象，但它与海洋息息相关。一方面，台风生成和维持需要海洋的热量及水汽供应；另一方面，台风会在海上产生埃克曼抽吸作用（详见"大洋风生环流"埃克曼流内容），使海表变冷（因被抽上来的下层海水较冷），此时冷洋面会反过来削弱台风。海洋的这种"反作用"控制了台风不会无止境地增强，这正是大自然奇妙的自制力。此外，台风像一个大的"搅拌机"，在将冷海水上抽的同时也会有暖海水被带到表层以下，由大洋环流将热量在全球重新分配。有学者认为台风的这一作用保证了全球海洋热平衡，若没有台风，可能低纬度更热，中高纬度更冷；也有学者认为，这一作用对厄尔尼诺的发生发展有一定影响，甚至在古气候时期曾经导致过永久性厄尔尼诺的存在。但这些学者的假说是否成立需要我们进一步研究。

台风的破坏力极强。在海上，台风时常导致船只无法航行，影响航路通畅。当台风登陆时，其强劲的风力常常将树木、建筑物刮倒，骤降的暴雨导致洪涝，并常常引发次级灾害如泥石流、滑坡等。台风还会引起海水异常升降，造成"风暴潮"现象，当风暴潮与天文潮（特别是天文大潮的高潮）叠加时，将对沿岸造成巨大冲击。台风每年都会在全世界各地区造成大量的生命及财产损失。然而，凡事都有两面，台风也有其有利的一面。首先台风是全球水汽、能量输送的重要一环，它为中低纬度沿海地区带来了充沛的淡水，也将热带的热量向亚热带、温带输送，维持地球热平衡。其次，台风的抽吸作用将海洋中下层丰富的营养盐带到上层，供给海表生物生长。

公元 13 世纪，忽必烈横扫欧亚大陆，却在两次进攻日本时惨遭失败，台风在这两次战争中扮演了重要角色。1274 年，元军第一次攻打日本，共动用 3 万余人，900 艘战舰。由于遭到日本频繁的小股部队的顽强阻击，元军将领因此高估了日军数量，再加上没有援军、随船的给养不足，元军选择撤退。在撤退时，元军遭遇了台风袭击，相传舰队几乎全军覆没。1281 年，元第二次攻打日本。十余万大军兵分两路，共计 4400 艘战舰。双方对峙长达两个月之久。8 月，突然一场强大的台风袭击了日本海岸，导致元军东路军损失 1/3，江南军损失一半，一些靠近海岸的士兵被日本人屠杀或溺死，元军惨败而归。之后由于各种原因元再没组织兵力攻打日本，其东扩的步伐也就此停止。日本人相信屡次帮助他们抵御元的台风是来自神灵的护佑，将其称作"神风"。第二次世界大战时期著名的"神风特攻队"也由此命名。

鉴于台风的破坏力惊人，人们一直在考虑人工影响台风的可能性，希望通过人工改变台风强度、路径等，减少它的破坏力或令它在需要水的地区降水抑或在战争中作为打击敌国领土的武器。曾经有实

验用飞机在台风眼周围播撒大量吸湿性凝结核（例如碘化银），发现这样可以使台风的原眼壁消失。此时虽然新的眼壁区风力会加强，但新风眼的范围变大，总体上台风的最大风力会减小。然而这样的效果仅持续十几到几十分钟，很快台风强度就会恢复，甚至出现"反弹"。也有学者尝试在空中喷洒海水来增加云量，这样会使到达海面的太阳辐射减少，海温降低，以达到减弱台风或阻止台风前进的目的。然而这种做法有潜在的副作用，比如有研究表明大西洋上空的人工云层会显著减少亚马孙流域及周边地区的降水量。此外，甚至有人想过用常规武器或核弹削弱、摧毁或改变台风。然而这些设想大多停留在假想、理论或简单实验阶段，真正操控台风需要大量的大规模实验，由此造成的全球影响是不可估量的。

虽然人们尚未真正尝试去改变台风，但台风可能已经在悄然改变。有研究表明，在当前全球气候变暖的背景下，台风生成位置、路径、登陆位置会向高纬度移动，同时每年台风的数量会减少，但强度会增强。关于全球变暖对台风的影响是当前学术界的热门话题之一，由于受历史资料长度和技术手段等的限制，当前尚未有定论。由于各种探测手段的兴起，人们从 20 世纪才真正开始深入了解台风，标准化的台风资料也仅能追溯至 20 世纪 40—50 年代。我们现在仅仅掀开了台风神秘面纱的一角，更多的有关它的知识有待新技术、新方法的出现，更需要有对自然充满好奇和热诚的有识之士来探索发现。

多尺度相互作用
——精妙的和弦

上面我们分别讨论了 ENSO 作为主旋律、MJO 作为圆舞曲、台风作为摇滚乐在热带海气相互作用这首宏伟交响乐中各自的地位，但交响乐真正的精妙之处在于各种曲风和各个乐章的交融，在于从年际、季节内到天气尺度各种现象之间的相互作用。热带海气耦合动力系统的多尺度相互作用是当前海洋与大气研究的热门话题，也是理解和预测热带海洋与气候变异的关键所在。

举例来说，季节内振荡与台风之间的关系近年来特别引人关注。相比于热带气旋，季节内振荡的生命周期更长，空间范围更大。季节内振荡能够为热带气旋的生成和生长创造非常适宜的条件。因此，季节内振荡就像是热带气旋的移动育儿箱。当热带气旋在季节内振荡的怀中成长到一定程度时，有一些气旋会在地球自转的作用下脱离季节内振荡的范围，独自向西北方向移动。这些热带气旋就成为台风和飓风的萌芽。我国是受台风影响非常明显的国家，每年遭受台风灾害非常严重。而在袭击我国的台风中，有相当数量都是脱胎于经过东印度洋和西太平洋上空的季节内振荡，或者在一定程度上受到季节内振荡的影响。

另一方面，ENSO 与季节内振荡的关系也相当有意思。相比于ENSO 现象，季节内振荡在生命周期和空间范围上都要小很多。此时，季节内振荡扮演了一个淘气的小捣乱者的角色。如前所述，ENSO 是由缓慢变化的大尺度热带海气相互作用所控制，其变化特征本来可以相当有规则。但频繁的季节内振荡事件无论对海洋还是大气环境都是一个强有力的扰动，能激起很多"涟漪"，从而改变 ENSO 的周期和强度，给 ENSO 的模拟和预报造成不小的困难。有趣的是，与季节内振荡有关的西风暴发反过来也受到 ENSO 的低频调制（图 7-7）。最近有学者指出，这种西风暴发与 ENSO 基本循环之间的相互作用可能是 ENSO 多样性、不规则性和极端事件的成因。当然，这一假设的证实还需要进一步的研究。

　　台风与大尺度海洋环流及低频气候变异也存在相互作用。一方面，台风过境导致大量机械能输入海洋，这些能量除了增强局地混合，改变海洋层结，还以近惯性内波的形式向下传播，深入大洋内部。已有研究表明，由台风引起的机械能输入和混合率增强对维持全球大洋准平衡态的环流具有很重要的意义，还能在很大程度上增强海洋的极向

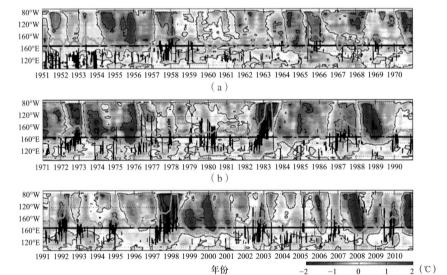

图 7-7　赤道太平洋海表温度异常（颜色）和西风暴发（黑线）在过去 60 年里随时间的变化。注意所有厄尔尼诺事件都有与之相随的西风暴发，且后者明显受前者调制
（a）1951—1970 年；（b）1971—1990 年；（c）1991—2010 年

物理海洋：源远流长的奥秘

Physical Oceanography Long and Profound Stream

热输送，在大尺度上影响海洋表层和次表层的温度结构，例如使赤道冷舌区显著增暖从而影响 ENSO。另一方面，受全球增暖和地球气候系统中低频自然振荡的影响，台风的发生频率、强度和持续时间存在年际、年代际甚至更长时间尺度的变化。ENSO 对台风的调制作用尤为明显（图 7-8），是目前开展台风季节性预测的主要依据。

ENSO 与人类活动影响下全球增暖的关系也是目前的热点问题。最新的气候模式研究结果表明，在全球变暖背景下，ENSO 的平均频率和强度也许没有太大的变化，但极端厄尔尼诺事件出现的频率在未来百年会增加一倍，这主要是因为在模式中赤道东太平洋冷舌区的增温快于西太平洋和赤道外区域，使得极端事件更容易发生。然而，过去几十年的观测结果似乎与模式不一致——东太平洋冷舌区的温度呈现出降低的趋势。事实上，有研究发现，近 20 年全球增暖的停滞现象（hiatus）主要由热带东太平洋的海表降温引起，这一降温的空间形态与拉尼娜类似，可能与太平洋年代际变化有关，也可能与 ENSO 本身在全球变暖背景下的变化有关，这方面的争论目前尚无定论。

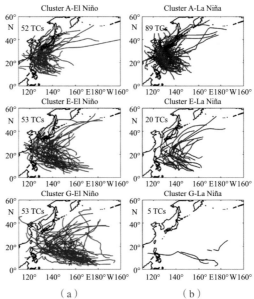

图 7-8　沿几种典型台风路径的西太平洋台风数目在厄尔尼诺年和拉尼娜年的差别（由哥伦比亚大学 Camargo 教授提供）
（a）厄尔尼诺年；（b）拉尼娜年

预报和预测
——捕捉跳跃的韵律

    ENSO 无疑是可预测的，问题是可预测的程度到底有多高，进一步提高预测能力的空间有多大。要回答这些问题，我们首先要知道预测的物理基础是什么。厄尔尼诺的可预测性来源于热带太平洋的海气相互作用、慢变的海洋在相互作用中的主导地位以及这一耦合的低维度特性。因此，关于厄尔尼诺可预测性的争议集中在热带太平洋海气耦合的强度。传统理论认为 ENSO 是依靠热带太平洋的强烈海气耦合而自我维持的一个年际变化模态，其可预测性主要由初始误差的增长限制，因而潜在的预测提前量应该在几年的量级上。另一种理论则强调大气"噪音"对 ENSO 事件的触发作用。根据这种观点，ENSO 是一个靠随机外力维持的衰减振荡，其可预测性主要由噪音而不是初始条件控制。这就意味着厄尔尼诺不可能提前很长时间预测，因为所有的厄尔尼诺事件都伴随着高频外力扰动。

    "噪音"理论的困境是无法解释为什么西风暴发之类的大气噪音随时存在而厄尔尼诺却发生在 2 ～ 8 年这一特定的时间尺度上。所以更合理的看法是把 ENSO 当作一个周期性低频振荡和由此低频振荡调制的"噪音"相互作用的结果，前者由经典的 ENSO 理论决定，而后者则造成 ENSO 的多样性。有证据表明，过去一个半世纪里所有显著的厄尔尼诺事件都可以提前差不多两年预测（图7-9）。由于这一结果由不包含任何随机外力的中等复杂的模式得到，而且只用了海表温度的观测数据作模式初始化，这一方面说明ENSO的可预测性更多地取决于初始条件而不是大气高频扰动，另一方面也说明提前两年预测应该只是ENSO潜在可预测性的一个保守估计。当然，相对于发生在东太平洋的强ENSO事件而言，发生于国际日期变更线附近的较弱的厄尔尼诺事件可能较难预测。

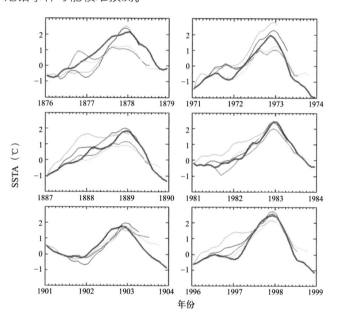

图7-9　1876年以来最强的6个厄尔尼诺事件。粗红线是观测的NINO3.4（南纬5°至北纬5°，西经120°—170°）平均海表温度异常，绿、蓝、紫、浅蓝曲线是模式提前24个月、21个月、18个月和15个月预测的结果

　　总的来说，目前限制ENSO预测水平的主要因素有4个：可预测性的内在限制、观测资料不足、预测模式的缺陷和观测资料使用不当。如前所述，尽管对ENSO可预测性的内在限制还有争议，但越来越多的事实表明，热带短期气候变化特别是ENSO具有相当高的可预测性，其上限应该远远高于目前已达到的水平，因此现有的预测系统

还有很大的改进空间。为了进一步提高厄尔尼诺预测能力，我们的主要任务应该是改进观测系统、预测模式和数据同化方法。具体来说，发展耦合的数据同化和模式初始化方案，改进表面热通量与淡水通量的模拟和参数化以及考虑来自热带太平洋以外特别是印度洋的影响，都是提高预测水平的可能途径。这几个方面也是目前厄尔尼诺研究的热点，但愿能在不久的将来取得突破，使我们预测厄尔尼诺的能力逼近其理论可预测性的上限。

由于我们对季节内振荡机制理解的欠缺，季节内振荡的预报还存在巨大的挑战。MJO 预报目前主要有统计预报和动力预报两种方式。统计预报通常依赖于与 MJO 现象密切相关的一些物理量的统计分析。"经验正交模态"是 MJO 统计预报中最常使用的统计工具。这种方法把 MJO 现象用两个空间模态表示，MJO 随时间的变化就由两个模态随时间的变化综合表征。这样一来，可以通过对两个经验正交模态的统计预报，来预测 MJO 的变化情况。但 MJO 事件是包含了多种物理量的复杂现象，所以需要综合多种物理量来代表 MJO。统计预报遇到的挑战显而易见。统计预报的准确性依赖于被预报现象在统计上的平稳性。如果统计特性随时间是不变的（即平稳的），那么统计预报可以得到比较好的效果。如果统计特性随时间有明显的变化，我们就很难根据现在时刻的统计特性预测下一时刻将发生什么。MJO 有明显的季节性、不规则性，并且依赖于大气和海洋的背景场，这些因素决定了 MJO 在统计上的平稳性相当有限。所以，虽然统计预报有一定的实用价值，但其预报能力提高的前景不是非常乐观。到目前为止，基于海气耦合模式的动力预报的效果刚刚赶上统计预报，但随着我们对 MJO 机制认识的深化和数据同化技术的发展，动力预报的水平应该会逐步提高。

台风预报系统的发展一直是台风研究的重点之一。经过几十年的努力，从最初的单一大气模式已发展到海气耦合的台风预报模式，但目前的预报系统仍有很大的改进空间。虽然现在对台风路径已有相当的预报能力，但对台风强度的预报依然是国际难题。究其原因，除了对大气环境以及台风本身结构的认识和模拟还不够准确外，对相关的海洋动力和热力过程的复杂性与反馈作用认识不足也是重要原因之一。台风过境时在海表施加极大的剪切力，与其相关的波浪破碎以及风场与斯托克斯漂流的相互作用等过程均能产生大量的湍流动能，在海表以下产生一个浪致的湍流增强区，进而提高海洋上层的湍耗散率，因而建立较为完善的海洋湍混合参数化方案是改进海气耦合台风模式的重要途径。此外，改善强风条件下的海表通量参数化方案也是提高模式预报能力的迫切需要。随着计算能力和技术的迅速提升，海气耦合台风模式已经突破早期的轴对称台风型和混合层海洋模式的限制，代之以完整的全耦合的海洋与大气模式。

　　总而言之，在热带海气耦合动力系统内，对于气候尺度的 ENSO 预测和天气尺度的台风预报，我们已经掌握了比较成熟的技术，但对于季节内振荡这一联系天气和气候变化的桥梁，我们的预报水平还相当有限。目前的发展趋势是建立多尺度"无缝"预报系统，对从天气到气候尺度的所有变化在统一的动力框架内进行预报和预测，从而全面捕捉热带海气交响乐章跳跃的韵律。

第八章

中高纬度海气
相互作用
——多种尺度气候变化

中高纬度，大气异常气旋与异常低温海水叠加

　　碧海蓝天，在海上洁净的大气中体会王勃"秋水共长天一色"的景象确实令人神往。但如果从大尺度的视角考察热带海洋和上空的大气与中高纬度海洋和大气，会发现一个很不一样的情况：大范围热带温暖海水的上空对应的一般是低气压，而某些中高纬度大气中的低气压系统的下方海水的温度一般是偏低的！什么原因造成这种差别？让我们先利用风海流的理论分析一下中高纬度大气低气压的下方为什么对应海水的温度偏低吧。

　　盛行风长期作用于海面所形成的稳定洋流叫风海流。风吹过海面时，风对海面的摩擦力以及风对海浪迎风面施加的压力，迫使海水向前移动。表面海水一旦开始流动，地转偏向力和摩擦力马上发生作用。表面海水在风力、地转偏向力和下层海水的摩擦力以及风对海浪迎风面施加的压力，迫使海水向前移动，便形成风海流。表面海水在风力、地转偏向力和下层海水的摩擦力取得平衡时，海流处于稳定状态，以相等的速度向前流动，此时的海流就是风海流。

　　由于风作用在海水的表面，随着海水深度的增加，海流的方向不断发生偏转。在北半球，这种偏转随着海水深度的增加不断向右形成称为埃克曼螺旋的空间结构。如果从海面向下，将因深度不同形成的

154

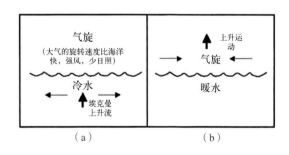

不同方向海流对海水的输送效果叠加起来，发现开阔大洋中海水因风海流的作用，输送的方向竟然与海面风的方向垂直，即北半球海水向海面风的右侧输送。

考虑海面上空大气中的低气压系统，与低气压配合的风场是气旋式旋转，在北半球呈逆时针方向旋转。在逆时针旋转的风场中，下方海水导致的海水质量输送是向外的。由于海水是流体，海洋上层因风海流质量输送使得气旋影响区域，特别是气旋中心附近海水的质量流失多，下层的海水被"抽吸"上来补充，而一般海水的温度随着深度增加是降低的。这样一来，低气压（从风场看称为气旋）影响海区中海水温度偏低就容易理解了。

为什么热带海区低气压下方的海水温度却是偏高的呢？这是因为热带温暖海水对上空大气加热，受到加热的空气上升，导致海面附近气压的下降，形成了低气压。

从相互影响的角度，海洋和大气之间存在着明显的相互作用。在热带海区，海洋对大气的加热作用是重要的，因此，暖海水上空对应大气中的低气压；而在中高纬度，大气对海洋的动力推动作用是重要的，因此，在低气压的下方对应偏低的水温（图 8-1）。

因海水流动缓慢，现实中高纬度天平均的天气图上，低气压下方的海水温度并不都是偏低的。作为平均效果，在中高纬度月平均的天气图上，低气压天气系统的下方海水温度偏低，而高气压天气系统下方的海水温度偏高。

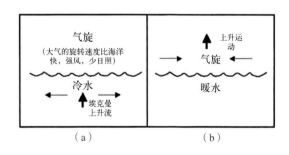

图 8-1　海洋 - 大气耦合异常特征示意
（a）大气驱动海洋的情况；
（b）海洋驱动大气的情况

多种尺度

——海气相互作用海区各异

    海洋和大气存在着相互作用,这些相互作用影响气候的变化。"风乍起,吹皱一池春水",海浪的产生既与风浪上空的风有关,也可在开阔大洋上激发长重力波,传播到遥远的海区。海面风对上层海洋的影响在垂直方向上使海水产生混合,把较深层的温度较低的海水与表层温度较高的海水混合,使表层海水温度降低。风对海水混合的影响深度不深,一般为几十米到100米。这类影响的时间尺度一般比较短。由于海水温度的变化可影响上空大气的稳定度和水汽含量,因此海洋热力状况的变化对气候变化的影响很大,如海洋性气候的特点就是气候温和湿润。大气在高纬度海区上空的冷却使海水产生深达几千米的上下层对流混合。这种高纬度海区受冷却产生的混合作用对气候变化的影响极为深远。科幻电影《后天》描写的场景就与高纬度海区海水的上下层对流混合存在密切的关系:一位古气候学家发现并预测了温室效应引起的持续全球变暖将使北极积雪迅速融化,而地球为了自我调节直至回归平衡,会进入冰河期,人类将在最后一个冰河期生存。可是他只猜对了结果却估错了时间。因为这场灾难不是在若干年后,而是现在。柚子般大小的冰雹袭击了东京,一位极普通的日本上班族前一秒还在和妻子谈话,后一秒已被冰雹砸倒在地;地处热带的南亚次大陆竟然被大暴风雪所覆盖；冰川融化后的巨浪把整个洛杉矶撕裂殆尽。最令人震撼的是纽约市"速冻"前后的画面：冲天巨浪狂涌进纽约市，自由女神被淹没了，万物瞬息沉没在汪洋之中，一艘万吨巨轮竟然被冲进了楼宇之间，而转瞬间，气温骤降，浩瀚汪洋之中的纽约又变成了一个冰封世界，茫茫冰原上只剩下了自由女神的头像，象征着人类文明的纽约城大半埋没入冰雪之中。

上述场景的发生与大西洋上层海流向高纬度输送热量的停止密切相关。对全球气候系统而言，由于热带存在辐射盈余，极地存在辐射亏损，为保持整个气候系统的能量平衡，在低纬度与高纬度之间，必须存在强的经向（热量）能量输送。研究表明，海洋的极向热输送约占海气耦合系统中极向热输送总量的50%，通过大气过程的极向热量输送约占50%。在北半球大西洋，来自较低纬度的热量输送到高纬度，在北纬50°附近（那里的海洋西边界流最强）通过强烈的海气热交换，把大量的热量输送给大气，再由大气把能量向更高纬度输送（图8-2）。海洋经向热输送强度的变化，将对全球气候产生重要影响。

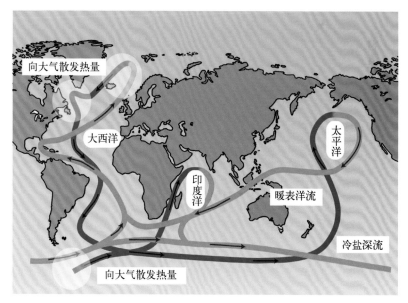

图8-2 主要的海洋输送带

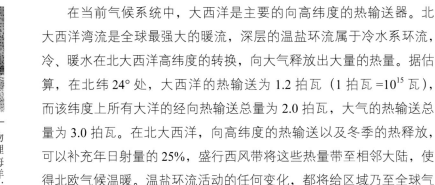

在当前气候系统中，大西洋是主要的向高纬度的热输送器。北大西洋湾流是全球最强大的暖流，深层的温盐环流属于冷水系环流，冷、暖水在北大西洋高纬度的转换，向大气释放出大量的热量。据估算，在北纬24°处，大西洋的热输送为1.2拍瓦（1拍瓦=10^{15}瓦），而该纬度上所有大洋的经向热输送总量为2.0拍瓦，大气的热输送总量为3.0拍瓦。在北大西洋，向高纬度的热输送以及冬季的热释放，可以补充年日射量的25%，盛行西风带将这些热量带至相邻大陆，使得北欧气候温暖。温盐环流活动的任何变化，都将给区域乃至全球气候造成显著的影响。

当北大西洋洋流向北前进到挪威海和格陵兰海等附近时，会因热量散去使得海水密度变大，在加拿大拉布拉多半岛和格陵兰岛之间的拉布拉多海附近海区下沉，之后转变成北大西洋深层水，并成为全球深层海水的源头之一。从北大西洋洋流转向为北大西洋深层水的过程，被称为大西洋洋流在极区的转向循环。有学者认为历史上一些极端的恶劣气候，是由该循环的失败所致。

为什么全球变暖后会出现气候的快速变冷呢？这是因为，当全球变暖后，格陵兰岛上几千米厚的冰雪融化，使得拉布拉多附近海区上层海水的密度变小（冰雪融化后是淡水），影响了深层水的形成，从而北大西洋深层向南的海水流动和上层向北的暖流都会减弱甚至停止，海洋向极地的热量输送减弱或停止，出现新的冰河期。

《后天》描写的气候灾难与格陵兰岛附近大西洋某些海区密切相关。理论模型研究表明，与北大西洋海洋输送带有关的气候变化时间尺度在6000年左右。

在有关热带海气相互作用的条目中，大家知道，热带东太平洋海水温度的异常升高（厄尔尼诺）或异常降低（拉尼娜）是由热带地区的海气相互作用造成的，同时对全球气候变化具有重要的影响。不过与高纬度大西洋的海气相互作用相比，时间尺度短多了，其振荡周期为2～10年，平均3～5年一次。

　　对季风区海气相互作用的研究表明，当夏季北印度洋水温异常偏高时，由于印度洋因水温高导致上空大气对流活动增强，引起的西北太平洋大气环流异常不利于台风的生成，造成西北太平洋夏季台风数量减少。

　　上层洋流的形成与风场的分布密不可分，而洋流可造成海水热量在水平方向上的再分布，对气候影响巨大。洋流对流经海区的沿岸气候、海洋生物分布和渔业生产、航海等都有重要的影响，对人类文明进程和社会生活有着重要的贡献。西欧海洋性气候的形成，得益于暖湿的北大西洋暖流。如果没有北大西洋暖流的作用，英国和挪威的海港将有半年以上的冰封期。另外寒流和暖流交汇给鱼类带来了丰富多样的饵料，这些海区往往成为世界著名的渔场，如纽芬兰渔场和日本的北海道渔场。陆地上的污染物质（如日本福岛核电站的泄漏）进入海洋以后，洋流可以把近海的污染物质携带到其他海域，这样有利于污染物的扩散，加快净化速度。但是，别的海域也可能因此受到污染，使污染范围扩大。

　　不同海区的海气相互作用具有不同的特点。影响的时间尺度不同，形成的具体物理原因和机制也不同。对气候和大气环境造成的影响也具有很大的差别。因此，对不同海区海气相互作用的研究必须根据各自海区的特点进行。由于全球海洋面积辽阔，不同种类特点的海区海气相互作用的特点和规律还有待人们深入的探索。

年代际变化
——鱼产量受海气相互作用影响

　　海洋生态系统的生产率与物理海洋环境的变化息息相关。海洋温度、盐度和其他物理特征的变化能引起原始有机物生产者和浮游生物种群分布的变化，这些变化将会引起整个食物链的变化，最终改变重要经济鱼类资源的种群稳定性及其生产率。

　　在渔业生产上，鱼产量在不同的年代具有很大的变化。著名的厄尔尼诺事件影响鱼产量的主要海区是南美洲的秘鲁西侧热带东太平洋区域，主要影响鳀鱼的产量。厄尔尼诺现象发生前，太平洋东部的海域由于受到涌升流的影响，斜温层非常平浅，深海含养料丰富的海水会上升到上层，加上拥有充足的阳光，构造简单的生物能行光合作用营生，因而藻类、浮游生物滋生，鱼虾繁殖，形成世界主要的渔场，捕鱼成为沿岸居民主要的经济活动。秘鲁渔场是世界著名的海洋渔场，其可捕鱼面积约占世界的0.06%，而捕鱼量占世界海洋捕鱼量的16%。

　　此外，捕食鱼虾的海鸟在海岸地区大量繁殖、排泄，加上该地区气候干燥少雨，鸟粪不会被雨水冲刷因而堆积成鸟粪层。当地居民收集海岸地区的鸟粪出售，供作生产肥料的原料，成为渔产之外的一大财源。这些资源皆是拜低温的涌升流和干燥的气候所赐。

厄尔尼诺事件发生时，海面和海面温度都升高，但斜温层反而下降，涌升流不再使下层养料丰富的冷海水上升到上层，结果藻类和浮游生物减少了，大小鱼虾也因缺乏食物和海水温度改变而死亡或他迁，造成渔获量突然减少。1972/73 年的厄尔尼诺事件发生时，秘鲁鳀鱼渔获量从 1971 年的 1200 万吨锐减至 1973 年的 150 万吨，造成秘鲁渔业的全面崩溃（图 8-3）。厄尔尼诺现象发生，靠鱼儿维持生命的海鸟，也因食物减少与气候不适应而大量死亡或迁徙，鸟粪也因此锐减。当地居民赖以为生的资源一下子枯竭，很多人因此失业被迫迁移到远地的城市，造成整个国家社会的不安定。鳀鱼主要用途是用来加工成鱼粉，作为牲畜饲料大量出口，厄尔尼诺事件发生后，由于鳀鱼大量减产，鱼粉供应不足，只好以大量粮食来补充，结果造成世界性的粮价上涨，影响了一些国家的经济发展。

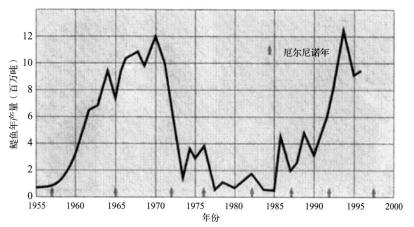

图 8-3　秘鲁鳀鱼与厄尔尼诺事件的关系

太平洋东部海域的肥壮金枪鱼渔场，历来是日本金枪鱼延绳钓渔业的重要生产渔场，图 8-4 为 10 月至翌年 3 月肥壮金枪鱼的厄尔尼诺年（1982—1983 年）平均渔获尾数 [图 8-4（a）] 和常年渔获尾数 [图 8-4（b）] 的比较。

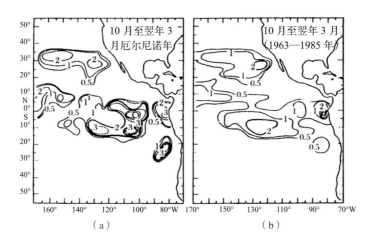

图8-4　10月至翌年3月肥壮金枪鱼平均渔获尾数（单位：1000尾/月）
（a）厄尔尼诺年；（b）常年

　　该渔场在发生厄尔尼诺的年份，北半球的渔场与常年一样，没有发生什么变化。但是，在南半球的马克萨斯群岛（南纬10°、西经140°）周围渔场渔业资源出现衰退，金枪鱼类向东移动，在正常年份没有渔获的以西经100°为中心的赤道海域，却形成了金枪鱼渔场，渔获主要集中在以上渔场以及秘鲁、智利近海的一些海域。当发生厄尔尼诺时，太平洋的肥壮金枪鱼具有资源量指数升高、渔获效率提高的趋势。

　　1996年和2000年，在典型的拉尼娜年份中，中西太平洋主要围网生产船队的生产结果表明：韩国等围网渔船的作业渔场进一步向西中太平洋的西部靠拢，在巴布亚新几内亚和密克罗尼西亚联邦之间捕捞较分散的鱼群。韩国船队在2000年鲣鱼渔获量创纪录。相反，美国船队的鲣鱼渔获量同期下降幅度较大。

　　其他时间尺度的气候变化也可显著影响鱼产量。太平洋年代际尺度的变化（PDO）对沙丁鱼的产量具有明显的影响。

　　北太平洋中纬度海洋－大气耦合系统有明显的年代际振荡（PDO），振荡周期为10～20年，甚至长达50～70年。虽然PDO的空间分布特征与 ENSO 有很大程度的类似，但与 ENSO 事件不同的是，ENSO 事件主要是热带海气相互作用，而 PDO 的发生可能与中纬度海气相互作用关系更密切。

在第二次世界大战前，美国加利福尼亚州附近的海面上，常常可以捕到大量的沙丁鱼（图 8-5）。美国沙丁鱼的捕获量 1936 年高达 70 万吨，1951 年沙丁鱼的年产量突然从 50 万吨下降到 3000 吨。50—70 年代其捕获量持续下降，后来查清了减产的原因，是由于水温突然下降所造成的。6 年以后这里的水温又上升，沙丁鱼的产量又明显地提高。沙丁鱼主要摄食浮游生物和硅藻等，饵料因鱼种、海区和季节而异。金色小沙丁鱼一般不做远距离洄游，秋、冬季成鱼栖息于 70 ~ 80 米以外深水，春季向近岸做生殖洄游。在太平洋的其他地区也有类似的变化。70 年代后期以来其捕获量又开始增加。太平洋大马哈鱼捕获量的变化情况与沙丁鱼捕获量的变化情况类似。一些证据表明，太平洋沙丁鱼、大马哈鱼捕获量的近同时周期性上升和下降可能与全球气候的十年尺度波动有关。

图 8-5　沙丁鱼群

边缘海洋
——东亚气候预测不容忽视

在大尺度海气相互作用影响气候变化的研究中，关注最多的海气是热带中、东太平洋（ENSO事件），包括中纬度海区的太平洋开阔大洋（PDO）和印度洋（季风区的海气相互作用）。边缘海洋，特别是中国东部边缘海，由于海区范围相对小、水深相对较浅，因此在过去的研究中，对边缘海影响东亚气候变化的研究比较少。2005—2010年我国进行的973项目"中国东部陆架边缘海海洋物理环境演变及其环境效应"研究中发现，中国东部近海对东亚气候变化的影响不容忽视。研究发现，秋冬季节北大西洋和北冰洋巴伦支海的异常变化导致的冬季冷空气活动异常信号可以被中国东部边缘海储存起来，夏季释放信号，从而影响东亚的气候变化。

2009—2010年冬季，受强冷空气的影响，渤海海冰异常偏多。许多渔船被海冰"固定"在海中。同时受冷空气的影响，早春中国东北地区降雪偏多。根据研究得出的结论，2010年3月中国海洋大学物理海洋实验室作出的气候预测提出：受渤海海冰和东北积雪的影响，初夏河北、河南和山西等地可能遭遇极端高温天气。2010年7月7日，北京、济南、石家庄、郑州等地出现了前所未遇的高温天气，郑州的公共汽车因柏油马路熔化而被"粘"在路上（图8-6，图8-7），几个

图 8-6 120急救车和出租车被"粘"到一起　　图 8-7 公交车被牢牢"粘"住了

大城市地下管道井盖上可烹熟鸡蛋。

　　研究还发现，东海水温偏高和黄海水温偏低可造成南京夏季平均气温偏低。东海水温偏高对东亚西南夏季风的减弱也有较明显的影响。

　　对秋季日本海水温异常对东亚气候变化影响的研究发现，秋季日本海水温异常偏高可造成中国东北地区前冬气温偏低、降雪偏多。2010年秋季根据该特征预测东北地区在2010—2011年前冬气温偏低、降雪偏多的结论与实际情况完全一致。

　　不仅中国周围的边缘海区对东亚气候变化具有重要影响，冬季远隔万里的巴伦支海水温和海冰的异常变化对冬季和来年夏季的气候变化都具有重要的影响。冬季巴伦支海水温偏高影响大气环流异常，使蒙古高压异常偏强，东亚东北部地区气温容易偏低。春季巴伦支海海冰的异常还可通过影响大气环流异常造成夏季黄河河套地区降水异常。

　　上述理论和实践的研究表明：中高纬度海区海气相互作用的机制与热带海区具有明显的不同。中高纬度海气相互作用可能并非海洋和大气的"同步"相互影响，而是在不同的季节和阶段表现出大气影响海洋或者海洋影响大气。

远隔万里
——南极冷气却能影响东亚台风

    2013 年，西北太平洋发生了 31 个台风。其中超强台风竟然出现了 7 个，并且大部分都出现在秋季！通过分析发现，造成该现象的主要原因竟然与远隔万里的南极北部高纬度海区上空的冷空气活动具有密切的关系（图 8-8）。

    分析 2013 年的异常海温分布特点，夏季北印度洋的水温异常偏低，因此，似乎印度洋的热力特点有利于西北太平洋上台风的发生。但仔细按不同阶段分析，发现台风数量异常偏多的并非北印度洋水温偏低的 7—8 月，而是在北印度洋水温已经升高后的 9—10 月，并且绝大部分超强台风发生在 9 月份以后。

    对南、北半球大气环流场的分析表明，9—10 月，特别是超强台风发生时期，来自南半球向北跨越赤道的气流异常强，造成北半球热带辐合带（Intertropical Convergence Zone，ITCZ）的强度异常强，热带辐合带内的涡旋在第二类条件不稳定的作用（积云对流活动与天气尺度系统的正反馈相互作用）下迅速发展，是台风发生数量异常多，超强台风多见的最主要原因。

    为什么 2013 年 9—10 月南半球向北半球跨越赤道的气流异常偏强？深入分析发现与该时期澳大利亚南部和新西兰西南部海区上空的

（a）

（b）

图 8-8　西北太平洋台风的发生与南极北部高纬度海区上空的冷空气活动有密切关系
（a）西北太平洋台风;（b）南极冰川

冷空气活动加强有关。来自南极大陆上的冷空气影响澳大利亚，使澳大利亚上空的冷性高压加强，冷高压东北部的外围气流从东经130°附近跨越赤道，造成北半球热带辐合带的加强和台风的生成与快速增强。

　　看来，预测北半球夏季台风的活动需要关注的海区在澳大利亚南部与南极大陆之间的大洋上。由于该海区位于南半球较高纬度上，海洋－大气相互作用的特征和机制值得我们进行深入研究。

高空急流
——黑潮亲潮共同制约

　　在 1 万多米的高空，存在着风速极大的狭窄的西风带，称为高空西风急流。急流时断时续。判定西风急流的方式一般根据西风的速度是否超过 30 米／秒（12 级风速为 33 米／秒）。在西风急流下风方向，从急流区到低于 30 米／秒风速的附近区域，称为急流的出口区。不要小看海上急流出口区的下方，冬季称为"气象炸弹"的爆发性气旋与位于西风急流出口区下方存在密切关系。由于爆发性气旋是冬季海上强风暴的重要天气系统，海上航行的安全必须关注爆发性气旋的发生。

　　研究表明，近 20 年来，与爆发性气旋有关的温带海上风暴区有向西南方向移动的趋势，日本北海道岛东侧海区上空的风暴增强了。

　　资料分析表明，西北太平洋上空与爆发性气旋有关的温带海上风暴区向西南方向移动的变化趋势与大气对流层高层西风急流的加强趋势、黑潮和亲潮之间水温梯度增大的趋势密切联系。这种趋势与西北太平洋上局地海气相互作用正反馈机制有关：阿留申低压加强使低压中心西部的北风加强，造成亲潮区域水温降低，与黑潮之间的水平方向水温梯度加大，水温梯度的加大和热成风原理促成了高空西风急流的加强，使高空西风急流出口区左侧的涡度平流垂直梯度加大，促进了气旋中上升运动的加强和气旋的加深。气旋加深后，其南侧的风速增大，利于海水降温，更增大了亲潮与黑潮之间的水平水温梯度（图8-9）。

　　显然，中纬度海气相互作用的机制比热带更复杂。并且，由于中高纬度气候季节变化的幅度远大于热带地区的季节变化幅度，季节转换和季节变化异常对海气相互作用的影响程度可能更大。

　　亲潮和黑潮之间的水温梯度变化还可影响海洋锋区强度的变化。海洋锋区附近上升运动强，海水中营养盐含量丰富，是形成大渔场的有利物理海洋环境条件。因此，高空急流、黑潮、亲潮以及阿留申低压之间的正反馈变化不但影响气候的变化，对渔场和渔业产量的影响也是值得重视的。

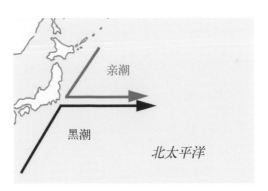

图8-9　黑潮与亲潮交汇区

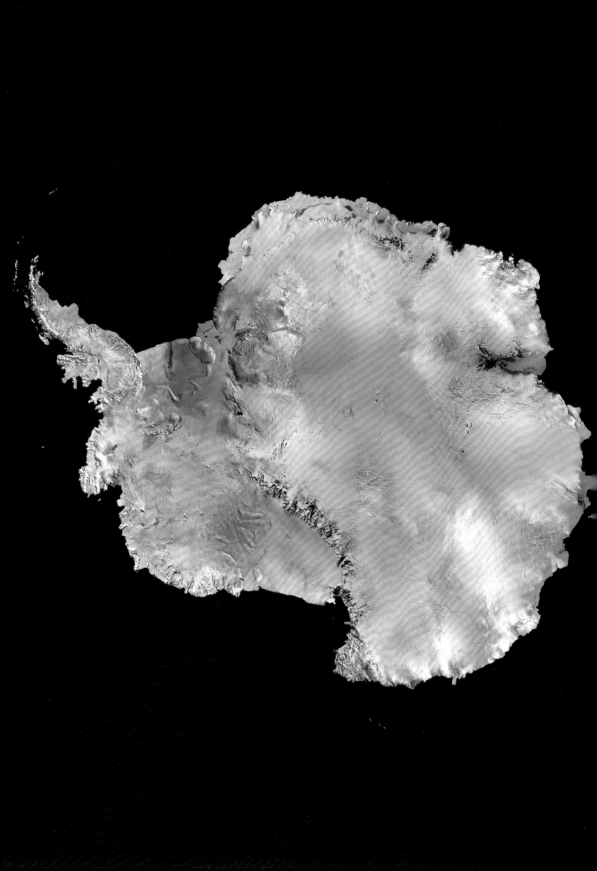

第九章

极地海洋

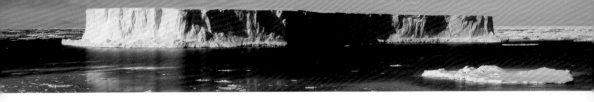

极地海洋
——温暖的海与酷寒的天

　　两极地区是地球的寒极，那里气候寒冷，海水结冰，形成特殊的海洋环境。那里的海水有很多特殊的运动方式，产生很多特有的现象。由于对两极的研究困难重重，考察数据稀少，人们对极地海洋知之甚少，有很多秘密需要去探讨。谈到南北极，人们首先想到了"寒冷"。极区是地球的寒极，寒冷当然是必备条件。然而，寒冷的是空气，冬季极区测到的陆地最低气温达到 −80℃，海洋上测到的最低气温也有 −50 ℃ 以下，接近人类承受的极限。

　　极区为什么会寒冷，是因为那里失去的热量多，得到的热量少。大家知道，有温度的物体都要发热，太阳高温发大量的热，地球低温发少量的热，极区虽冷，但也要散热，将热量通过长波辐射的形式散发到宇宙中。谁来弥补这些热量的损失呢？一部分来自太阳，还有一部分来自地球低纬度地区。夏季极昼的太阳投下阔绰的热量，使极区变得温暖，使冰雪部分融化；然而到了冬季，极夜来临，没有能量补充，大气散热依旧，就会变得越来越冷。

　　但是，寒冷的只是空气，海水却没有变冷多少。只要没有结冰，海水的最低温度都在 −2 ℃ 以上，真的算不上寒冷，健壮的人甚至可以在这个温度的水中游泳。看起来，海洋就像大气中的暖气系统，可以为寒冷的大气增温，大气也许会温暖许多。其实不然，大气那样挥洒热量，海洋如何补充得起。如果海洋真的把热量都交给大气，不仅不能让大气暖起来，还会让海洋变得寒冷，海洋中的生物就会冻死。为了避免这种两败俱伤的结果，海洋有自己的方式避险，那就是结冰，海冰是热量的阻隔器。结了冰的海洋再也不用理会大气的温度，眼不见心不烦，只管享受自己温暖的环境。而没有供暖的大气，只能在酷寒中煎熬。

因此，极区的海冰上下是两个世界：海冰之下是温暖的海水，海冰之上是怒号的狂风和无垠的冰雪。

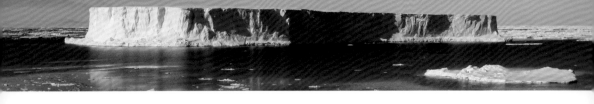

海水相变

——海冰出于水而性质迥异

地球上两极海区在冬季都会结冰，有些更低纬度的海水也会结冰，比如我国的渤海，是世界上纬度最低的结冰海域。图 9-1 中给出了两极海冰的覆盖状况。在北极，整个北冰洋冬季都会结冰，而夏季，会有一部分海冰融化。过去，融化的部分只占 15% 左右，而现在北极正在变暖，夏季海冰的覆盖范围不到冬季的 50%。南极只有在威德尔海、罗斯海和一些小型海湾有夏季不融化的海冰，南极其余地方的海冰到夏季全部融化。

海冰是海水冻结而成的，但是，学习物理海洋的人无论如何都无

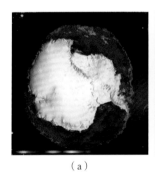
（a）

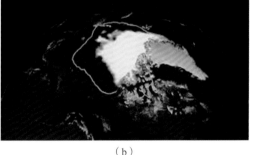
（b）

图 9-1　南极和北极的海冰
（a）南极;（b）北极

法将海冰与海水的性质建立起联系。海水是液体，而海冰是固体；海洋靠湍流来传热，而海冰只能靠分子运动传热；海水可以在海洋中升降，而海冰只能浮在海面；海洋与大气的热量可以相互交换，而海冰起到的是绝热的作用。由于冰水性质迥异，海洋中的各种定律在海冰中都不能使用。除了来源之外，实在看不出海冰与海洋有什么联系。有些科学家将海冰作为独立的现象来研究，似乎不用懂海洋也可以研究海冰。那么，海冰属于物理海洋学吗？

答案是肯定的，海冰的物理过程是物理海洋学的重要组成部分，因为海冰中发生的过程与海洋有密切联系，海冰的变化是海洋变化的一部分。可以形象地认为，海冰只是睡着了的海洋。

海水失去热量，温度低到冰点，海水就会冻结。冰点为海水结冰和融化的温度，淡水的冰点是 0℃，而海水的冰点与海水的盐度有关，约等于 $-0.055S$ ℃，S 为盐度，盐度为 34 的海水冰点为 -1.87 ℃。别小看海水和淡水冰点的这点儿差异，海水盐度高，到 -1.87 ℃ 才能结冰；但海冰盐度低，到 0℃ 就会融化，这种特性引起很多海洋现象。

海冰不是一下子就冻结起来的，只要还有一部分海水的温度高于冰点，海水就必须把这些热量散失干净。因此，海洋在海冰封冻过程中不断散热，海冰也在封冻过程中不断变化。海冰最初是冰核、冰针等过渡形态，真正称得上海冰的初生冰是尼罗冰（nilas），也就是厚度在 10 厘米以下的薄冰。这种连成片的大范围海冰是大气和海洋热量平衡的结果，也完全具备了海冰的功能。由于厚度太薄，尼罗冰在狂风的作用下重叠、堆积、磨损，经历了各种考验，最终全面冻结，将海洋覆盖起来。

刚开始冻结的海冰受结冰过程的影响，结构是非常混乱的。海冰一旦完成封冻，就开始巩固阵地，海冰不断生长。海冰的生长是向下的，生长的方式是结晶，结成粒状冰晶，在相互挤压下发展成柱状冰晶，当用偏振光照射冰切片时可以看到冰晶的形态（图 9-2）。

图 9-2 用偏振光照射海冰切片时可以看到向下生长的冰晶

　　海水中有 3% 左右的溶解性杂质成分，包括各种离子、营养元素、痕量元素、溶解气体和有机质等，其中含量最多的成分为氯阴离子和钠阳离子，因而用盐度来表征这些成分的含量。在海冰结晶过程中，杂质不能参与结晶过程，而是从晶体结构中游离出来，形成高浓度的"卤汁"（brine）。这些卤汁在重力的作用下破坏了海冰晶体结构向下汇聚，形成细长的盐泡（salt bubble）。海冰冻结时还会裹挟一些空气形成"气泡"。盐泡和气泡使海冰的晶体结构很不完整，因而海冰的强度远不如淡水冰。到了夏季，海水升温，海冰的气泡和盐泡都会与海水相通，海水会进入海冰内部。海水比海冰有更强的吸热能力，进入海冰的太阳短波辐射会被盐泡中的海水有效吸收，局部温度迅速升高。盐泡里温暖的海水与海冰交换热量而融化盐泡壁，使盐泡变粗，形成正反馈，导致海冰从内部发生融化。

　　海冰对海洋起到了保温的作用，使海水在严寒的冬季仍然保持温暖。而一旦海冰开裂，就会产生冰间湖或冰间水道，在那里发生大气与海洋的强烈交换。冰会在海上漂荡，牵着海水到它不情愿去的地方。海冰还会把海洋变成黑暗的世界，让海洋生物经历漫长的黑夜。夏天到了，海冰会裂开一段时间，让宝贵的阳光进入海水，促进浮游植物的生长，维持动物们的索饵需要；而海冰的行为更像是一种施舍，仅仅 3 个月，海冰又将海洋闭锁起来，海洋是那样无奈。

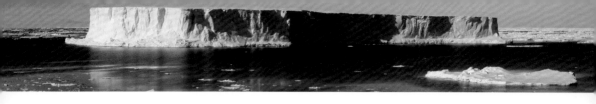

有了冰雪，
海洋大不相同

　　有人会想到，海洋没有思维，可以逆来顺受，就听凭冰雪折腾好了，随遇而安吧。可是，冰雪让海洋改变了模样，变得与众不同。

　　全世界上层海洋的环流都是风生的，风为海洋运动提供动量和能量。而海冰将海洋封锁起来，与风的作用相隔绝，海水不能直接接触到风。这时，冰面上可能是狂风大作，而冰下的海水不得而知，只能受海冰运动的影响而运动。海冰有时会很好地响应风的驱动，有时却相互挤在一起，其运动与风的作用有很大的偏差。此外，没有了风的直接作用，也就没有了海浪，没有了风生的强湍流混合。

　　夏季冰雪融化之后，产生的淡水与海水混合，形成了一层低盐水层，其下是一个很强的季节性盐度跃层。在这个跃层之上的水体获取的热量会迅速地传送给海冰或大气，而基本不会保留，海水保持在冰点温度附近。由于跃层强烈地抑制湍流运动，跃层之下的热量被封存起来，形成一层温暖的水层——次表层暖水。这些热量在整个夏季都不会消散，直到秋季降温的冷却过程，海洋上层发生对流，这些热量才会逐步释放到大气中。

　　对流是极区海洋的最大特点之一。海水只要向大气散热，密度就会增大；海水只要结冰，就会把盐分排出来，海水的密度也会增大。

高密度海水会下沉，将深处的海水置换出来，这就叫对流。对流使不同深度的海水相互沟通，对全世界的海水循环产生重要的影响。除了极地之外，世界其他的海洋无法形成发生较深对流的条件，对流是极区海洋的专利，也是海冰影响海洋深层的重要方式。一个狭窄冰缝产生的强烈对流足以影响到千米以下的深海，海洋将因此再无安宁之日（图 9-3）。

　　北冰洋海水中有大量的营养物质，加上光合作用，可以供养一定数量的食物链。然而海冰的存在严重地阻挡了太阳光进入冰下，导致冰下没有足够的光，那里的海水空守着丰富的营养，成为贫瘠的海

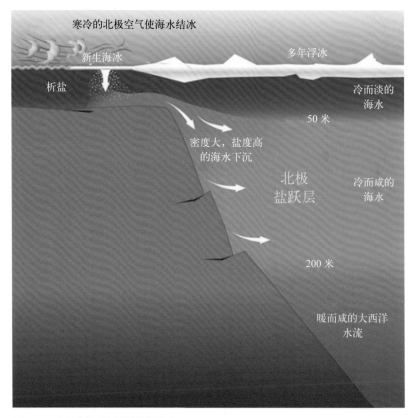

图 9-3　对流过程对海洋深处的影响

洋。由于缺乏光，产生了一种特殊的生物——冰藻。其实冰藻和普通的藻类没有什么区别，这些藻的生长需要光照，它们就到达海冰底部，以求尽可能多地吸收光。冰藻想离光更近一点儿，一旦海冰内部存在一点缝隙，冰藻就会钻入海冰内部。所以，把春季的海冰翻过来就可以看到，冰底铺满了褐色的冰藻。利用冰下微弱的光，冰藻顽强地生长。一旦海冰融化，这些冰藻落入水中，继续其生长繁殖历程，使得冰藻可以在短暂的夏季生长成熟。

海冰冻结后，海洋与大气交换不畅，氧气越来越少。各种浮游动物、鱼类、哺乳动物都需要氧气生存，一旦结冰，这些动物不能生存，只能退出极区海洋。因此，冬季极区的密集冰下几乎没有稍大点儿的动物。只有在冰间湖中会生长各种动物包括鸟类和鱼类。

绕极流
——与大气运动唯一相似的海流

　　大家知道，大气环流是围绕地转轴的运动。这种运动受到海陆分布的影响和大气自身运动条件的制约，会产生偏离地转轴的运动，但其运动的主体仍然是东西向运动。而海洋环流则不然，海洋环流大多不是环绕地转轴的运动。因为世界上美洲、非洲和亚洲都存在南北走向的陆地边界，大气环流可以从陆地上方漫过去，而海洋环流则不行，受到边界的影响后只能转弯，形成不围绕地转轴的海洋环流。因此，海洋环流虽然受到风场的驱动，但其流动以各大洋流涡的形式存在。

　　唯一的例外是在南半球南纬35º—65º的区间，各大陆都没有延伸到这里，形成了没有南北走向边界的海洋，称为南大洋。这里是著名的西风带，在强烈西风的吹送下，在南大洋形成了环绕地转轴的自西向东的流动，称为南极绕极流。南极绕极流是海洋中唯一围绕地转轴流动的海洋环流。由于没有南北走向边界的阻挡，南极绕极流也成为流量最大的海流，其流量达到150 Sv（1 Sv = 10^6 米^3/秒），相当于长江流量的3700多倍（图9-4）。

　　由于是东西向流动，在绕极流的南部是极区的冷水，其北部是亚热带的暖水，因此是一支冷暖水体平行流动的海流。南极绕极流的流速再大，其在南北向输送的能力也远小于其他海洋环流，对气候的影

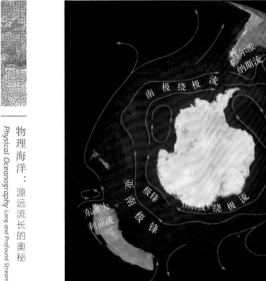

图 9-4 南极绕极流
（引自 http://www.teara.
govt.nz/en/map/5915/
circumpolar-currents）

响也很不相同。南极绕极流将南极冷水拘禁在南极大陆周边，形成稳定的冷水圈，是气候系统的稳定因素。而在北半球同纬度海域，海洋环流将暖水带入极区，将冷水向低纬度海域输送，产生了强大的气候效应，北极的气候也因此变得不如南极稳定。

　　南极绕极流在环绕南极大陆流动的过程中，也会与三大洋产生水体交换。在各个大洋的东边界，南极绕极流的分支发生向北的流动，形成三支相似的寒流（秘鲁海流、本格拉流和西澳大利亚流）；而在各个大洋的西边界，各大洋的西边界流（东澳大利亚流、巴西海流和莫桑比克流）汇入南极绕极流。除了绕极流海域之外，各大洋之间只有海峡和运河才能形成少量的水体沟通，而只有南极绕极流海域，才能成为各大洋水交换的主要通道。

幽深之处
——来自大西洋的暖水

　　来自北大西洋的暖流横越大西洋，沿着挪威海岸一直北上，其中一部分从弗拉姆海峡进入北冰洋。如果这些暖水停留在北冰洋上层，北极的海冰就要少很多，也许会成为无冰的海洋。人们更期望这些暖水的热量融化坚冰，带给人类一个更为宜人的北冰洋。

　　然而，这种现象并没有出现，在整个北冰洋上层都是当地形成的北极上层水，找不到来自北大西洋的温暖水体。那么，巨量的大西洋暖水去了哪里呢？原来它藏在了海洋中层。倒不是这些暖水不愿意去融冰，只是在它奔赴北冰洋的过程中，一直在向寒冷的大气散热；散热后，自身的密度增大，再也无法停留在海洋上层，只能下沉到与自己密度相当的水层，成为了北极中层水，水深在 300 ～ 1000 米范围内。下沉后的水体并没有积聚起来，而是继续沿着俄罗斯大陆坡向北冰洋的深处流动，一直扩展到北冰洋中层的每个角落。虽然北冰洋看起来并不欢迎温暖的大西洋水，但大西洋暖水仍然从深处进入北冰洋，并锲而不舍地弥漫整个中层，形成北冰洋温度最高的水层。对北冰洋的冷水来说，它们能支配的只有不到 300 米深的水层，而300 ～ 1000 米的主人却是大西洋水（图 9-5）。

　　科学家说，这些大西洋水的热量一旦上升到海面，就会使北极的

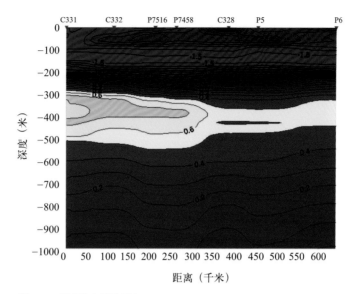

图 9-5　北冰洋中层的暖水

海冰全部融化，即使冬季也不会出现海冰。由于北极上层水与大西洋水之间有强大的盐跃层，大西洋水的热量被牢牢地封存在深海，绝对不允许暖水上升到表面影响海冰的存在。事实上，大西洋水的热量散失非常少。当然，这也不是坏事，大西洋水可以在长达几十年的流动中保持自己的温度，也因此可以保留自己的特性不被同化，维持自己的领地。这些中层水只能在一些狭窄的海域通过上升流到达上层海水，其热量对北极的海冰并没有产生显著的影响。

　　现在看来，来自大西洋的暖水和海冰共存于北冰洋，使那里发生冰火并存的局面，寒冷的海冰待在海洋表面，温暖的暖水深居于海洋中层，过着相安无事的生活。显然，大自然有自身的调节能力，使自然界相互矛盾的事物变得和谐。

　　有人追踪大西洋水从表层流到中层水的过程，认为其在不同水层的流动衔接起来，构成了一种特殊的环流——北极环极边界流。如果这个环流最终被证实，它将是第二个环绕地转轴流动的海洋环流。

起伏的海底，
改变着海水的运动

　　船在海洋中只要避开陆地和暗礁，就可以随处开行。人们更愿意相信，海流也可以像船一样，随意地流向自己想去的地方。可是，海流没有这样幸运，而是受到了各种强烈的约束，其中，来自海岸的约束和来自海洋大陆坡的约束很容易理解，因为都属于固体侧边界，海流无法穿越，只能沿着这些边界流动。

　　当表层的海流在流动的时候，如果水下几千米的地方有海底山脉，则受山脉的约束作用，表面的海流平行于海底山脉流动。这种来自海底的约束不容易理解，如果说在几千米深处的海底山脉会影响上层的海流，还真令人难以置信。

　　海底山脉对海流的影响在全世界的大洋都存在，但早期没有卫星遥感，只靠一条船是观测不到这种现象的。最早观测到海底的影响是在北冰洋。春季，北冰洋被密集的海冰覆盖，看到的是一望无际的冰原。探险家们发现，这个巨大的冰原会无故开裂，形成一条长长的冰缝，挡住了他们的去路。这条冰缝不像是风引起的，因为它与冰原一样望不到头。这个在不同年份都能被反复观测到的冰缝引起了科学家的注意，经过研究发现，原来是海底山脉影响的结果。在冰缝下面是罗蒙诺索夫海脊，深度在 1500 米左右。表层流受到海脊的约束，发

生平行于海脊的流动。这种约束的最大特点是，海脊两侧的流是反向的（图 9-6）。冰下相反方向的海流撕扯着海冰。海冰虽然结实，但海流的作用强大到足以将海冰扯断，裂开的海冰形成长长的冰缝。因为这条冰缝时常会出现，导致靠滑雪前往北极点的考察队半数不能成功。

海底的山脉确实会约束海水的流动。假设海流遇到了横在面前的水下山脉，海流的愿望是翻山越过去。可是，越过山峰时整个水柱的高度会发生变化，海流要消耗自身的能量克服重力势能抬升水体。这可不是消耗一点点能量就能够做到的（想想我们登山时消耗的能量），海流的能量供不起爬山的消耗。为了避免消耗自身的能量，海流只能沿着海底山脉的等高线运动，这样水柱的高度保持不变，海流以最节能的方式运行。这就是海底山脉约束海流的根本原因。

在世界大洋中，海底山脉的影响无处不在，很多海流的形成和走向与海底山脉有关。但是这种约束强弱不同。山脉距离海流越近，约束就越强；山脉越高大，约束就越强；海流越强，约束也就越强。

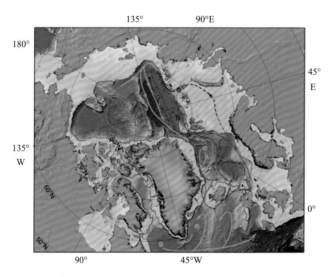

图 9-6 北冰洋中层环流

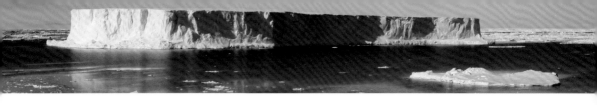

深海之中，
贮藏着密度最大的水体

　　海水的密度大于淡水，是因为海洋容留了来自地球其他部分的物质，从开天辟地形成海洋的时候开始，海洋的密度就形成了，在几十亿年的时间里变化不大。然而，同在海洋中的水体，密度却有着微小的不同，也会有各种微小的变化。变化虽然微小，但会对海洋的运动产生巨大的影响，因为密度的作用是至关重要的。

　　密度的变化与海水中的物质含量有关。引起海水密度增大的主要因素有：高密度水体的流入或者低密度水体的流出；海洋内部的混合和扩散过程；表面蒸发过程；海面降温过程；海面结冰过程等。产生最高密度的海水不仅取决于产生高密度水体的条件，还取决于海底地貌。在海底，有各种海盆、海底山脉、大洋中脊等起伏不平的地貌，一旦盆地周边被高大的山脉或陆地所包围，深层水没有流出的通道，海水到达深海就被那些海脊约束起来。

　　一般深海盆中的海水还是有机会回到海洋上层的。比如：海洋中的一些过程会导致下层海洋"通风"，也就是能够有一些特殊的运动形式，将海洋深层的水体置换出来，回到上层海洋。在世界一些大型海盆中，会发生热盐环流。全球海洋热盐环流尽管被海盆约束，但还是在缓慢地流动，还有机会和机制爬升到海洋上层，这个过程需要

1000 年以上。1000 年的岁月虽然漫长，但毕竟有一天还会回到海洋上层来。

而在有些完全封闭的海盆中，海水将处于无期徒刑的境遇，永世不能回到海面。这种难以被通风的水体，往往是密度最大的水体，因为它们太重了。密度最大的水体只能在极区环境下的增密过程才能实现。在极区，有三种形式可以使水体密度增大而下沉：表面冷却过程、结冰析盐过程和混合增密过程。这些过程产生的高密度海水重量大，可以一直下沉到海底。如果下沉的水体进入一个封闭的海盆中，海水没有通道流出，海盆中必将保留着密度最大的海水，因为一旦有密度更大的水体下沉到底层，就会把轻一些的水体"挤"出去，只有最高密度的水体才能存留在那里。

北极的深层水都被约束在几个深海盆中，最封闭的海盆是加拿大海盆，那里水深 1500 ~ 3800 米范围内的海水没有流出的通道，长期保持高密度状态。在南森海盆的水体与北欧海深层水通过弗拉姆海峡可以交换，有时流入，有时流出。北欧海的格陵兰海盆、罗弗敦海盆和挪威海盆虽然相连，但都被苏格兰 – 格陵兰海脊所约束，在 1000 米以下的海水没有自然更新的渠道，因而水体的密度相当大。我们都知道，从北欧海溢流的水体是北大西洋密度最大的水体，成为大洋的底层水；而北欧海底层水的密度比溢流水大很多，一旦流出，世界大洋都会因之改变。

大家都会想到，世界上密度最大的水体是死海，可是，死海不是海水，而是湖水。人们普遍认为，密度最大的海水是在红海。实际上，从图 9-7 可以看到，密度最大的海水是南极绕极底层水，那里是封闭的海盆，海水的条件密度可达 28.5 以上；北极深层水的密度次之，达到 28.2；密度第三大的水是地中海深层水，条件密度达到 27.7；而红海的盐度虽然很高，但温度很高，密度不足 27.5。在世界大洋中大西洋水的密度最高，太平洋水的密度最低。

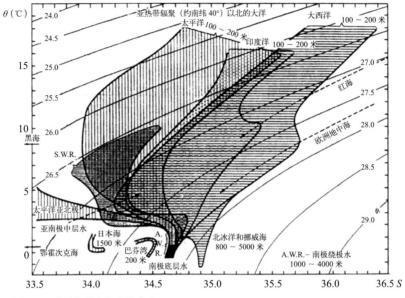

图 9-7 世界海洋中海水的密度

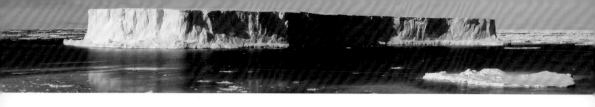

冷酷极地，
激发着全球海洋循环

　　世界海洋中，风生环流无处不在，极区的风生环流与其他海域的海洋环流有相似的机制。风生环流大多发生在海洋上层，只有南极绕极流可以抵达海底。在上层海洋之下，有着几千米厚的水层，风的作用无法抵达那里。在这个巨大的深度范围内，存在着一种缓慢的流动，称为热盐环流。热盐环流虽然缓慢，但发生的水层深度范围大，其产生的流量与风生环流相差无几。

　　驱动风生环流的因素随处可见，可驱动热盐环流的因素都在极区。热盐环流是由海水的密度差驱动的流动，从高密度海域流向低密度海域。热盐环流需要不断补充高密度水体，否则热盐环流就会停止。而高密度的水体只能通过极区海水的下沉运动来实现。前面提到，表面冷却、结冰析盐和混合增密是产生下沉运动的主要方式，而这些方式只能在寒冷的海区发生。在极区海洋中，下沉运动到处都会发生，是极区上层海洋中的普遍现象。然而，如果要产生密度很大的水，能够形成到达海底的密度，只有特殊的海区才能做到。在南极区，只有威德尔海和罗斯海的冰间湖可以产生这样高密度的水体。在北极，只有格陵兰海和拉布拉多海可以产生这样高密度的水体。因此，只有这四个主要源区的垂向运动能够驱动全球海洋热盐环流。极区水体下沉运动最大的意义是建立了全球海洋输送带，沟通了不同深度的海洋。世界海洋环流大多是水平环流，各个层次的水体倾向于发生相互独立的运动；而极区水体的下沉运动把大量的上层水体输送到海洋各个深度，从而使各层水体建立了联系。

　　驱动热盐环流的下沉水不仅要下沉得深，还要有足够大的流量。其实，世界上还有其他一些海域可以产生深层水，但因其流量太小，所起的作用不大。怎样才能产生大的下沉流量呢？如果下沉水是冰间湖产生的，则冰间湖要足够大，气温要足够低，作用的风力也要足够大。在这样的条件下，冰间湖中会不断产生新冰，而新冰又被吹走，通过结冰析盐的方式产生高密度水体。南极的威德尔海和罗斯海都有强烈的下降风，温度很低，产生巨大的冰间湖，这些大型的冰间湖在冬季也会存在，连续不断地产生高密度水体，形成南极底层水。如果下沉水是以冷却下沉的方式形成的，则需要气温足够低，海域足够大。环流有利于海水聚集，这样才能产生巨大的对流流量。格陵兰海是一个很大的海盆，有一个属于自己的环流，又有巨大的海气温差，可以产生很大的下沉水流量。拉布拉多海虽然是半开放的，但其动力学作用和流场使其维持着近乎封闭的水平运动，也是通过冷却、结冰等多种方式生成下沉水。

　　通过这些下沉水的驱动，形成了遍布世界海洋的热盐环流体系。各个大洋的热盐环流很不相同，但相互联系。热盐环流的主要部分构成了全球海洋输送带。

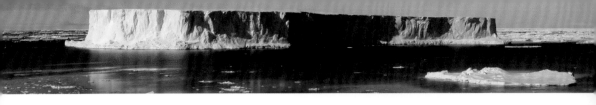

冰架之下

——冰与水在冰点附近的较量

在南大洋，海水遇到了一件特殊的事情——海水与冰架相互作用。冰架是陆地冰川伸入海洋中的部分，厚度有几百米至上千米，冰架前端长长地探入海洋之中，挤占了海水的空间。液体的海洋无力抵挡固体的冰架来袭，只能让出空间。但是，海水并未屈服于冰架，而是与冰架上演着无休止的争斗，冰与水在变化的冰点上长期较量。

前面提到，盐度为 34 的海水冰点为 −1.87℃，这是在海面的冰点。而冰点也随压力变化，在 500 米深处，同样盐度海水的冰点大约为 −3.4℃。海水在冰架附近的升降运动形成了海水破坏冰架的过程。首先动作的是海洋。海洋表面结冰，析出盐分，温度降低，海水的密度增大而下沉。下沉水沿着冰架下沉，密度较高的水可以一直下沉到冰架底部。虽然下沉水是冷水，但当下沉到冰架底部时，压力增大，海水的冰点降低，而冰架的温度接近冰点，下沉的海水到那里就成了相对暖的水体，直接使冰架底部融化。冰架融化的水体盐度低，密度小，一旦产生就会迅速上浮，很快到达海洋上层。冰架融化水的温度在深处接近冰点，一旦上浮到海洋上层，压力下降，冰点升高，则冰架融化水的温度就会低于冰点，形成所谓"过冷却水"。过冷却水更容易结冰，增大高密度水体的产量，加强下沉运动，加剧冰架的融化，形成正反馈效应（图 9-8）。

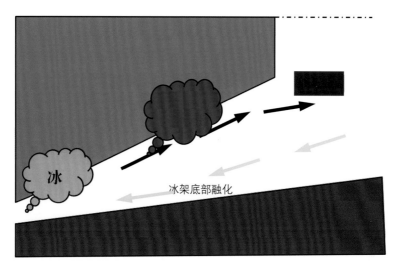

图 9–8 冰架之下的水体循环

　　冰架虽然庞大，但禁不住海水反复在冰点随深度变化的问题上做文章，变得越来越薄，越来越小，最终折戟沉沙，断裂下来，成为南极海洋中的冰山。冰山的个头通常很大，观测到的最大的冰山长 200 千米，宽 60 千米，与我国一个县的面积相当。冰山会进入南极绕极流，随处漂流，科学家将其编上号，用卫星来追踪。冰山的寿命很长，可以活到 3 ~ 5 年。然而，冰山最终逃不脱融化的命运，融成一摊淡水。

　　冰架的断裂并不意味着海洋的胜利，南极大陆庞大的冰川又会慢慢地探入海洋，形成周而复始的争斗。

第十章

海洋灾害
——迷人海洋的狂躁一面

滔天巨浪的危害

    漫步在海边，海浪拍打着礁石，发出阵阵涛声，飞溅起洁白的浪花，这是多么令人感到惬意的画面。然而有的时候，海浪会变得十分可怕，巨浪滔天，掀翻船只，摧毁海上工程，给航海、海上施工、海上军事活动、渔业捕捞带来灾难，这就是所谓的灾害性海浪。

    其实历史上，海浪对人类海上活动影响的例子比比皆是。对于我们来说，最著名的莫过于元代军队远征日本受挫的例子了。

    海浪还会给近海海底、海岸工程带来破坏，比如海岸的护堤、海底输油输水管线、通信线路。2013 年 5 月 27 日青岛栈桥被海浪冲坏，使得青岛旅游的地标被迫关闭近一年进行维护，这是青岛栈桥百年历史中第四次遭到海洋灾害的破坏。

    这样一些能在海上引起灾害的海浪叫灾害性海浪，但必须明确指出，灾害性海浪在世界范围内没有一个固定的标准。实际上，这个标准只是在当时世界科学技术水平下，根据人们在海上与大自然抗争能力而给出的相对标准，而且要结合可能受海浪影响的承灾体的脆弱程度来制定。所以灾害性海浪的标准只能是根据海上不同级别的船只和设施，分别给出相应级别的定义。例如，对于吨位较小、动力较弱的小型船只，有效波高达 2.5 ～ 3 米的海浪已构成威胁，因此这种海浪对这些船只就可称为灾害性海浪；对于千吨以上和万吨以下中远程运输作业船只，有效波高达 4 ～ 6 米的巨浪已构成威胁，对它们来说 4 米以上的海浪称为灾害性海浪；而对于 20 万 ～ 60 万吨的巨轮，一般有效波高达 9 米以上的海浪为灾害性海浪（图 10-1）。

2012 年国家海洋局颁布的《风暴潮、海浪、海啸和海冰灾害应急预案》中将海浪灾害分为 4 级发布警报并进行应急响应。预计未来近海受影响海域出现达到或超过 6.0 米有效波高，或者其他受影响海域将出现达到或超过 14.0 米有效波高时，应发布海浪灾害 I 级警报（红色）；预计未来近海受影响海域出现 4.5 ～ 6.0 米（不含）有效波高，或者其他受影响海域将出现 9.0 ～ 14.0 米（不含）有效波高时，应发布海浪灾害 II 级警报（橙色）；预计未来近海受影响海域出现 3.5 ～ 4.5

图 10-1　英国渔船在欧洲北海抗击风浪

米（不含）有效波高，或者其他受影响海域将出现 6.0 ～ 9.0 米（不含）有效波高时，应发布海浪灾害Ⅲ级警报（黄色）；预计未来近海受影响海域出现 2.5 ～ 3.5 米（不含）有效波高时，应发布海浪灾害Ⅳ级警报（蓝色）。各级警报发布时，同时启动相应等级的海浪灾害应急响应。

洪水般的风暴潮

　　在近海海水的涨落主要反映的是潮汐现象，也就是天体引潮力产生的潮波传到近岸引起的海面周期性的变动。然而有的时候，海水的涨潮落潮出现了一些异常的现象，比如海面比正常预计的潮位升高或降低了，差值在几十厘米甚至达到一二百厘米，并且整个变化过程在数小时到几天之间，这就意味着发生了风暴潮。风暴潮的发生一定是伴随着台风、温带气旋或寒潮等天气系统，这些天气系统带来的强风使得海水向某一方向堆积，而气压分布不均则使得低气压处海面上升，这都会使海面发生异常升高或降低的现象。

　　通常风暴潮会引起海水的上涨，这就像陆地上的洪水一样，水面比平常要高很多，可能会超过沿岸修筑的堤坝（图10-2）。由于大风的作用，海面会掀起巨浪，将堤坝冲毁，使得海水淹没陆地，造成巨大的人员伤亡和经济损失。

　　尽管风暴潮预警报已经不时出现在海洋预报中，但相对其他海洋灾害的名称来说，"风暴潮"这个术语仍然不太为人所知。然而风暴潮在整个海洋灾害中造成的灾害是第一位的，而且人们对这个灾害的认识和记载已有很多，只不过不同时期、不同地域的人们对其称呼是不一样的，如有些地方的人称其为海潮，有些地方的人称其为海啸，

而风暴潮这个词只不过是在 20 世纪 70 年代后期才被中国学界用来专指这种大气强迫造成的水位异常变化的。

中国上下五千年的历史为世界文明做出了不可磨灭的贡献，有关风暴潮的记录散见于各种历史文献。中国四大名著之一《三国演义》开篇第二段即提到一次风暴潮，"建宁四年二月，……又海水泛溢，沿海居民，尽被大浪卷入海中。"而迄今认为世界上最早的一次风暴潮记录出自《汉书·沟洫志》，"王莽时……大司空掾王横言：河入勃海地，高于韩牧所欲穿处。往者天尝连雨，东北风，海水溢，西南出，浸数百里，九河之地已为海所渐矣。"这是一次典型的渤海风暴潮过程。

在世界范围内，沿海地区都能受到风暴潮的侵袭，其中受灾害最为严重的国家有太平洋沿岸的中国、菲律宾、日本、越南等，大西洋沿岸的美国及中美洲国家，还有地处北海和波罗的海沿岸一带的荷兰、德国、波兰等以及印度洋的孟加拉湾周边国家。

世界上目前有记录的最严重的一次风暴潮发生在 1970 年 11 月 13 日的孟加拉国，飓风"博拉"袭击了孟加拉湾，造成了一次震惊世界的热带气旋风暴潮灾害。这次风暴潮夺去了恒河三角洲一带 30 万～50 万人的生命，这次灾害损失巨大，在政治上也产生了很大影响。

在欧洲，荷兰是一个低地国家，有记载以来已经发生了约 57 次

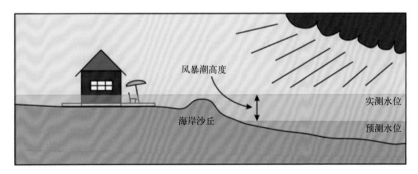

图10-2　风暴潮示意（引自 http://www.nmefc.gov.cn/upload/2009-12/200912241113112095551481.jpg ）

大的风暴潮。发生在 1953 年 2 月的风暴潮，使得荷兰死亡 1836 人，其中第 1836 名死者直到 1992 年才被确认。2005 年 8 月 25 日"卡特里娜"飓风袭击了美国墨西哥湾沿岸，导致了近千人死亡，美国红十字会认为那是美国红十字会历史上最严重的单次自然灾害。

在发生了如此巨大的灾害后，各国都很重视风暴潮的防灾减灾工作，首先加强了风暴潮的监测、预报工作，同时依据风暴潮风险评估结果，对于沿岸的堤防进行了加固，而且制定了应急预案，在有风暴潮警报时及时疏散人口。而有些国家如荷兰则根据国家的实际情况，采取了更加细致的工程措施，比如，在重要的河流通道上建设可移动坝，在风暴潮来临前几小时将坝关闭，将灾害造成的损失减至最小。

令人心悸的海啸

　　如果说海洋灾害影响到的往往是在海边生活的人，那么 2011 年 3 月 11 日，日本海啸导致的福岛核泄漏则让每个人都感受到了影响。最有戏剧性的是发生在我国的食盐抢购风潮，在催生出不少令人捧腹的段子的同时，也让人们着实了解到原来海洋和我们的关系如此密切。

　　实际上，海啸这一灾害人们很早就有所认识了，古希腊历史学家修昔底德在其公元前 5 世纪末撰写的《伯罗奔尼撒战争史》中，对于公元前 426 年埃维亚湾海啸进行了描述，并且推断此次海啸由海底地震引发。但是直到 20 世纪人们才真正地认识了海啸的本质，认为海啸是在海洋或者大湖中由于巨大体积的水体发生位置偏移而激发出的一系列水波，海底地震、火山喷发及其他的水下爆炸、海岸滑坡、冰架崩塌和小行星溅落等作用，都可能引发海啸。

　　根据统计，海底地震是引发海啸的主要因素。一般认为，引起海啸的海底地震震级要大、震源要浅、海底要有大面积的垂直运动，另外发生海底地震的海区要有一定的水深，一般应为数千米。但是并不是所有的海底地震都能引发海啸，何种地震能引发海啸现在仍然是研究的前沿问题。

　　海底地震发生后，由于海底瞬间发生了大面积的隆起或陷落，导致其上的整个水体也跟着升起或降低，于是海面的波动就会以重力长波的形式传播出去，在数千米的深海区，传播速度每小时可达近千千米，波长为数百千米，但此时海面起伏并不大，因此在海上人们甚至感觉不到有海啸波经过。然而当海啸波进入陆架区，由于水深变浅，传播速度明显降低，每小时可能只有数千米至数十千米，这时就像城市中在快速路出口处往往出现堵塞一样，不断涌来的海水在浅海处汇集，使得波高突然增大，可达数十米，并形成"水墙"，蜂拥上岸，酿成巨灾。

　　人类历史上曾发生过多次大的海啸，其中 1960 年的智利大海啸、2004 年的印度洋海啸以及 2011 年的日本 3·11 地震海啸是近年来比较有影响的海啸。1960 年 5 月 21 日下午 3 时，里氏 9.5 级的地震袭击智利瓦尔迪维亚省，震源深度 33 千米，引起海啸最大波高为 25 米。地震过后 14.8 小时，海啸波传到夏威夷，测量得到的海啸波高 10.7 米，海啸波一路向西，使得日本、菲律宾、印度尼西亚同样遭受了海啸的侵袭，在日本导致了 200 余人死亡。1960 年的智利大地震导致了 20 世纪最大的一次海啸，这次海啸的发生引起了世界各国的普遍关注，最终联合国于 1968 年协调各国，在夏威夷建立了太平洋海啸预警中心，负责整个太平洋的海啸预警报工作。

　　印度洋海啸发生在 2004 年 12 月 26 日，地震震级为里氏 9.3 级，引发海啸波高达十余米，这场突如其来的灾难给印度尼西亚、斯里兰卡、泰国、印度、马尔代夫等国造成巨大的人员伤亡和财产损失。据统计印度洋大地震和海啸造成近 30 万人死亡和失踪，这可能是世界近 200 多年来死伤最惨重的海啸灾难。这次灾害损失巨大的一个重要原因是人们普遍认为印度洋板块较为平静，不太可能发生地震，因此对海啸没有任何防范措施。此次灾难过后，联合国印度洋海啸的预警系统也逐渐建立起来了。

　　2011 年 3 月 11 日，日本发生里氏 8.9 级地震，海啸波高最高达到 23 米，地震及海啸造成近 2 万人死亡和失踪，为日本自第二次世界大战后伤亡最惨重的自然灾害（图 10-3）。这次灾害最为严重之处在于福岛核电站的泄漏，使得这次海啸的影响范围比以往的更广和更深远。不过这次海啸的监测数据是有史以来最全的，可以为以后开展海啸研究提供资料。

为了加强海啸的监测和预警能力，人们在深海布置了数十套海啸监测浮标，一旦监测到水位有异常变化，则会将数据及时地传到陆地的实验室，科学家据此做出预报，并发出预警。

图 10-3　日本 3·11 地震海啸中海水涌到陆上

白色灾害
——海冰灾害

　　海冰是海中一切冰的总称。当水温降低到一定程度时，海水就会结冰，但这不是海冰的唯一来源。有不少海冰是从陆地冰川崩塌下来进入海洋的，主要以冰山的形式存在，还有少量的是从河流漂入海中的。海冰覆盖了海洋表面的 12%，但大多集中在高纬度地区，比如在北冰洋以及南极洲周边海域。在那些海域，冰山给航行带来安全隐患。比如，1912 年，著名的"泰坦尼克"号邮轮与冰山相撞而沉没，造成巨大灾难；2013 年，俄罗斯"绍卡利斯基院士"号科考船被浮冰包围（图 10-4），中国的"雪龙"号极地考察船在营救过程中，自身受困，最终借助有利天气形势成功脱困。

图 10-4　2013 年 12 月 25 日，"绍卡利斯基院士"号科考船在南极洲航行时被浮冰所困

但在那些区域，由于自然条件恶劣，人类活动稀少，对海冰造成的灾害研究不是海洋科学研究的重点，因此国际上对海冰的研究更多地聚焦于其在气候变化中扮演的角色。

然而在某些地方情形有些特殊，比如在我国的渤海和黄海北部，每年冬季都有不同程度的结冰现象，使这里成为北半球纬度最低的结冰海区，也就是说这里是结冰海域与不结冰海域的交界区。而这周边区域是中国的环渤海经济圈，经济活动活跃，港口密布，航运繁忙，渤海油田更是中国重要的油田。因此如果碰上某一年冬天是严寒，那么海冰就会带来社会经济方面的损失，造成灾害。

水有一个重要的性质，就是在常压下 4℃ 时水的密度最大，因此淡水结冰只能从表层开始。而海水则不同，随着温度的降低海水密度加大，不断下沉，这样下层的海水可能先达到冰点，因此海冰的形成可以开始于海水的任何一层，甚至于海底。而对于如渤海等水深较浅的海域，冷水下沉后补充上来的海水温度较高，但受到冬季大风、低温的作用，温度很快降低而下沉，如此反复整个水体会同时达到冰点，因此从海面到海底几乎同时形成海冰。当海水结冰面积到达一定程度后，就会影响到人类在海岸和海上活动及设施安全运行，比如阻塞航道、损坏船只及海上设施和海岸工程、造成港口码头封冻、使水产养殖受损等。

1969 年，我国渤海发生了一次罕见的特大海冰灾害，这是我国最严重的一次海冰灾害。1969 年 2—3 月，整个渤海全部被海冰所覆盖，影响的范围直达渤海海峡，冰厚一般为 20～40 厘米，最厚达 80 厘米，在风和海流的作用下，海冰互相挤压、堆积，能达到数米高。这次罕见的海冰灾害造成严重的经济损失。据不完全统计，从 2 月 5 日至 3 月 6 日一个月的时间里，进出天津塘沽港的 123 艘客货轮中，有 58 艘被海冰夹住，不能航行，随风漂移，有的受到海冰的挤压，船体变形，船舱进水，有的推进器被海冰打碎。石油钻井平台"海一井"支座的拉筋全部被海冰割断，"海二井"的生活设备和钻井平台均被海冰推倒。另外，由于特大冰封阻碍通航，造成旅客的滞留与货物的堆积，产生的经济损失难以估量。2010年，渤海又一次受到严重的海冰灾害的侵袭，但这次的特点是对沿岸的水产养殖造成了严重的损失。

目前，我国开展了海冰的监测预警工作，预报员通过卫星遥感和航空遥感数据对海冰的覆盖范围进行监测，同时根据天气的变化做出海冰的预测及预警工作。

难以觉察的
海平面变化

　　来到海边，首先映入人们眼帘的是一排排的海浪扑向沙滩，在耗尽了所有气力后，又默然退下，似乎在进行着单调的重复。然而就在你坐在那里几个小时静静聆听着海涛的时候，你会猛然发现，每一波海浪冲击到的位置发生了明显的变化，原来是涨潮或落潮了。如果你能待在那里几天，你又会发现原来海水涨潮落潮也是往复循环的。而如果你数十年地住在海边，你很可能会注意到原来潮涨潮落不是总围绕着同一位置进行，也存在着不断的变化，这时你看到的基本上是海平面的变化，但是这种变化很缓慢，而且掩盖在每天的潮涨潮落之中，因此人的感官难以觉察。

　　海平面尽管变化很慢，但是其变化幅度是惊人的，比如从 1 万多年前结束的末次冰期以来，全球海平面上升了 130 余米，现在尽管较为稳定了，但总体还是呈现出上升的态势。种种证据表明，近百年来全球海平面上升了 10 ～ 20 厘米，这比过去数千年海平面的平均上升速度明显要快，并且未来很可能还要加速上升。究其原因，主要是全球气候变暖造成的。首先气候变暖造成了南极及格陵兰岛冰川的融化，大量的水进入海洋，使得全球海平面上升；另外，温度上升造成的水体膨胀也使得海平面升高。具体到某一地区的实际海平面变化，还要考虑当地地壳的缓慢升降和局部地面沉降的影响，海平面上升加上当地陆地升降值之和，才是该地区的相对海平面变化。因而，研究某一地区的海平面上升，只有研究其相对海平面上升才有意义。

海平面上升对沿海地区社会经济、自然环境及生态系统等有着重大影响，特别对于大洋中的海岛将是致命性的。海平面上升后，会减弱沿岸防护堤坝的防护能力，迫使设计者提高工程设计标准，增加工程项目经费投入；海平面升高后，海水会更多地进入地下水系统，使土地盐碱化；如果人类的工程手段不足以抵御升高的海平面，海水将淹没一些低洼的沿海地区，变"桑田"为"沧海"。

现在，在世界范围内海平面上升已经给人们造成了现实的威胁。比如太平洋岛国图瓦卢，其最高点仅在海平面以上 4.6 米。研究表明近 20 年来，图瓦卢的海平面平均以每年 5 毫米的速度上升，而据估计如果海平面再上升 20～40 厘米的话，图瓦卢就不适于人类定居了（图 10-5）。尽管有人提议将图瓦卢举国搬迁，但是图瓦卢人显然不这么想，2013 年图瓦卢总理发表讲话，称绝不把搬迁当作躲避

图 10-5　海平面上升可能将美丽的图瓦卢淹没

海平面上升灾难的一种措施，他呼吁国际社会要做些什么来减缓海平面的上升。

在中国，海平面监测工作是持续进行的，每年自然资源部会发布海平面公报。数据显示，我国沿海海平面变化总体呈波动上升趋势，1980—2013 年，中国沿海海平面上升速率为 2.9 毫米 / 年。结合经济发展因素，我国受海平面上升影响严重的地区主要是渤海湾地区、长江三角洲地区和珠江三角洲地区。

咸潮入侵会
让人们更渴

　　当今社会，淡水资源往往成为一个地区社会经济发展的制约因素，而河流是淡水的一个重要来源。奔腾不息的河流给人类带来了淡水，当河水进入河口区时，最终会和海水进行混合，完成从淡水到海水的过渡。在海洋中，潮汐是经久不息的运动，在河口每天都有潮涨潮落，当碰到落潮时，河水会非常顺畅地通向大海，而遇到涨潮时，外海的海水就会涌入河口，影响河水的流动。受潮汐影响的河段被称为感潮河段，从河流流量和水位来看，感潮河段可能会很长，比如长江的感潮河段在枯水时可以延伸到距河口600多千米的安徽大通。

　　当然海水是远远达不到整个感潮河段的，只是潮汐运动的信号能传播过去。可是海水的含盐量约为3.5%，河水的含盐量为零，这样河流中必定存在一个位置，在此位置的上游，水的含盐量为零，在此以下，则含盐量不断上升。这个位置是随着潮汐、河流流量等的变化而不断变化的。但是由于潮汐、河流流量都有一定的变化规律，因此这个位置是相对固定的，于是人们就可以顺应自然规律，合理地利用河流中的水资源。比如城市市政用水的取水口肯定要设在常年是淡水的地方。

　　然而当河流流量不足的时候，或者特殊的天气导致外海水位较高时，就会有更多的海水进入河道，咸淡水混合的区域更加向上游推进，造成上游河道水体变咸，其盐度超过一定程度即形成咸潮。这样原本根据多年经验确定出的淡水河段，这时也会出现咸水，影响淡水的取用，从而造成灾害。咸潮一般发生于冬季或干旱的季节，即每年10月至翌年3月之间出现在河海交汇处，我国主要发生在长江口和珠江口这两条大河。

　　当咸潮发生时，河水中氯化物浓度从每升几毫克上升到250毫克以上，水中的盐度过高，会对人体造成危害，这样的水是不能饮用的。水中的盐度高还会对企业生产造成威胁，生产设备容易氧化，锅炉容易积垢。在咸潮灾害中，生产中用水量较大的化学原料及化学制品、金属制品、纺织服装等产业受到的冲击较大，其中一些企业不得不停产。咸潮还会造成地下水和土壤内的盐度升高，对农业生产和当地的生态系统造成严重影响。据《中国海洋灾害公报》统计，2012年珠江口共有4次咸潮入侵事件，总共36天，其中最长的一次持续14天，这就意味着某些自来水的取水口在这14天中很可能要关闭，对于工农业用水的冲击是可想而知的。

　　咸潮的发生受到多方面因素的影响，其中河流的流量变动是比较大的因素，一方面它受到流域降水的控制，另一方面河流沿途的拦蓄取水对于流量的影响也很大，一旦没有足够的淡水进入河口地区，那势必使得咸潮入侵的强度和频次都有所加强，这样河流下游特别是河口周边地区的发展会受到制约，这就要求将整个河流流域用水进行统一规划。另外，全球气候变化导致海平面上升过程也会加剧咸潮发生，这个过程是十分缓慢的，但长期的累积也在逐渐显现。

看不见的杀手
——内波

　　海面上的惊涛骇浪让人感到惊心动魄，其实海面以下也不是安静的世界，有时也会波澜壮阔，暗流涌动，其中内波扮演了一个重要角色。早期人们海上活动主要局限在海洋表层，加上对内波缺乏认识，因此内波对人类活动的灾害性影响则无从谈及。近年来，随着科技的进步，人们活动范围延伸到了较深的海域，比如潜艇的活动，深水油气资源的开采等，在那里，由于海水密度具有明显的分层现象，因而有可能发生内波，从而给人类活动带来灾害性影响。

　　内波通常发生在海洋内部密度跃层处，由于在那里两层海水的密度差异很小，因此与海面的波浪相比，内波的振幅要大得多，可能达到几十至几百米，而波长却不很大，只有数百米。内波致灾的原因，主要是内波经过时，海水密度跃层上下会形成两支流向相反的强流，流速可高达 1.5 米 / 秒。试想一下，一股流动以 1.5 米 / 秒向东流，另一股流动在其下方也以 1.5 米 / 秒向西流，这两股流动就像剪刀一样，能产生极大的破坏力，将其中的各种结构物摧毁。在中国南海的零星观测表明，这种力量比海面波浪的破坏力要大。在南安达曼海，一艘钻探船在一次强烈的内波冲击下偏离了 20 米，锚缆张力加大了 2 倍，严重威胁着作业的安全。

内波引起的海水垂直运动也能造成很大的危害，人们主要认为这将给潜艇的潜航带来危险。为了躲避追踪，潜艇一般要躲藏到海水密度跃层处航行，而这里容易发生内波，潜艇可能快速地被带到深处，从而发生灾难。1963年4月10日，美国"长尾鲨"号核潜艇，在大西洋距波士顿港口350千米处突然沉没，艇上129人无一生还。尽管经过调查，官方认定此次事故是潜艇本身出现了某种故障，但是事后有科学家查明内波是罪魁祸首，以至于在美国海洋学教科书中多以此为例说明内波的破坏力。由于人们在这次事件中没有内波的观测资料，因此也仅仅停留在怀疑上，加之潜艇的特殊性，内波影响潜艇航行的确凿事例未见公开报道。

目前人们对内波的认识较为有限，因此还无法开展预测工作，但是为了保障海上的作业安全，对目标海域内波监测的工作已陆续展开。2008年11月辉固公司对为期三个月的一次钻探作业进行了安全保障服务，布设了一套内孤立波预警系统。该系统由两套锚系浮标组成，其中包括海流剖面仪，用来监测水流的情况，还有一系列的温度和盐度探头，探测从海面到海面下110米的温盐变化，这些数据实时传回陆地实验室，进行人工分析（图10-6）。一旦发现内

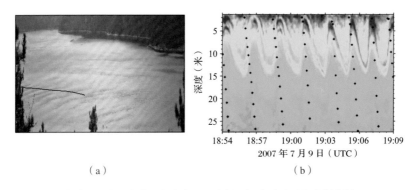

（a）　　　　　　　　　　　　　（b）

图10-6　在加拿大魁北克省萨格奈峡湾观测到的内波（加拿大达尔豪斯大学 Dan Kelly）
（引自 http://myweb.dal.ca/kelley/SLEIWEX/gallery/movies/large/triple_H_track.jpg）
（a）内波在海面的反应；（b）后向散射系数的分布，可以看到海洋内部的波动

孤立波的迹象，则向钻探船发出警报，钻探船就可以根据其强度提前做出应对。这种方法的成本是很高的，人们也在继续研究试图找到更好、更经济的办法来对内波进行预警。

出人意料的畸形波

　　老海员们常常会讲起在海上遇到的大风大浪，让大家体会到大海的变幻莫测，有的时候，他们会讲述一些十分离奇的故事，让人感到一种超自然力量的存在。比如，几百年来西方流传的航海故事中，不时出现关于出人意料的巨浪的描述，在相当晴好的天气下，在没有征兆的情况下大洋中会出现一股巨浪，浪高可以达到 30 米，它就像一堵水墙，船只遇到后，几乎无法挣脱，在其重重拍击下顷刻沉没。

　　然而这些只是传说，缺乏直接乃至间接的证据，不过人们渐渐地发现在实际生活中还真是有些不可思议的过程在发生着。1836 年 1 月 17 日爱尔兰鹰岛的灯塔受损，一块岩石被大浪抛起，击碎了灯塔上 26 米高处的一块玻璃，而这个灯塔位于当地最高水位线以上 61 米处。1861 年 3 月 11 日，这个灯塔再次受到巨浪袭击，巨浪将灯塔上的部分灯和反射器打坏（图 10-7）。

　　1978 年 12 月一艘运行只有 6 年的德国货船"慕尼黑"号由德国驶往美国，12 月 13 日格林尼治时间凌晨 0 点刚过，船只报告遇到风暴，3 点 10 分到 3 点 20 分，船只由北大西洋中部发出求救信号，但信号十分微弱，依稀分辨出是报告"船只右倾 50°"，之后就没有了人为发出的求救信号，而变成了设备自动发出的求救信号。经过近 10 天的

图 10-7 高居悬崖上的鹰岛灯塔多次被畸形波打坏（引自 http://www.garethmccormack.com/media/images/stock_images/MAY788_watermark_image.jpg）

搜救，只找到该船的一些碎片，最后发现了右舷的救生艇。经过研究发现，右舷的救生艇受到了从船首到船尾巨大力量的冲击，从而使其落入水中。而该救生艇在水线上 20 米，人们推断一定是在风暴中发生了不寻常的事情，一个超乎寻常的大浪造成了这一切。

时间到了 1995 年的 1 月 1 日，在欧洲北海挪威海岸的德劳普纳平台用仪器观测到了这种传说中的巨浪，当时那里的有效波高为 12 米，可是却测到了一个波高 25.6 米的大浪，这股大浪给平台造成了轻微的损失，这是人类首次用仪器观测到这种不可思议的巨浪，尽管此前已有专业人士认定这种巨浪是存在的。这次观测引发了大家的研究兴趣，人们把这种特殊的浪称为畸形波，一般认为，畸形波是波高为有效波高两倍以上的波浪。因此，波高的绝对大小不是畸形波的判断标准，而是在当时的海况下，它特别出众，其波高远大于当时当地的其他波浪。

目前人们对畸形波的研究正在不断深入，已经发现畸形波不是由某一个单一因素促成的，而是在强风、强流的作用下，将几个波浪簇拥起来，从而产生了一个超乎寻常的大波。不过目前人们对于畸形波还不能进行预报，还有待科学的进一步发展。

揭开海雾的面纱

  对于雾，人们并不陌生，古往今来有许多文人墨客对雾进行了大量的描写，而且许多名山大川都以雾境闻名于世。然而更多时候，雾给现代人们的日常生活带来极大的不便，常常因为大雾而导致高速公路封闭、飞机延误，严重影响人们出行。其实，雾是一种常见的天气现象，当气温接近露点，相对湿度达到100%时，空气中的水汽便会凝结成细微的水滴悬浮于空中，使地面水平的能见度下降，这就是雾。

  海上也有雾，称为海雾，在很多情况下是由于暖湿气流遇到冷的海面后，其中的水汽凝结而成的雾。这种雾比较浓，雾区范围大，持续时间长，能见度小，春季多见于北太平洋西部的千岛群岛和北大西洋西部的纽芬兰附近海域。在我国，黄海也是海雾多发的海区，而且也以这种平流冷却雾为主，每年的3月中旬起进入雾季，8月中旬结束，雾期为5个月（图10-8）。

  海雾给海上航行带来很大影响。在早期的航海中，船舶在海洋中的定位很大程度上依赖于目测，无论是沿岸航行时观察岸线，还是利用星辰来导航，良好的视线是必不可少的。可是一旦遇到大雾，船只就迷失了方向，而且在茫茫大海中船只甚至都停不下来，只能随波逐

图 10-8　浓雾中的渤海蓬莱油田（引自 http://pic.feeyo.com/pic/20110724/201107241022002345.jpg）

流。因此，有的时候船只会触到暗礁，有时则发生与其他船只碰撞的事故。

　　由于海雾发生时往往覆盖面积很大，而且持续时间较长，人们发明了许多方法来保证雾天的航行安全。比如，人们在航标灯塔处安设雾笛，到了雾天就发出有节奏的低沉鸣叫，让过往船只听到后用来定位。轮船上也安装雾笛，在雾天也会鸣响，提醒其他船只避让。现在的船只安装了船舶自动识别系统，采用船舶全球唯一编码体制，使每一艘船舶从开始建造到船舶解体都拥有全球唯一的编码。每艘船舶航行时不断发送该编码，其他船舶收到后就可以结合雷达定位，在电子海图上标出该船的位置和航向，通过软件计算就可以对船舶碰撞风险提出警告，以便加以规避。

　　随着沿海社会经济的发展，海边修建的机场、高速公路以及跨海大桥，在扩展了人们活动范围的同时，也使人们更容易受到海雾的影响。因此对海雾的预报提出了更迫切的需求。由于大气中水汽的预报较为困难，因而制约了海雾的预报，不过对于海雾的数值预报已经取得了进展，正在逐步提高其预报的准确度。

第十一章

海洋观测
——海洋科学的开端

勇敢者的路
——海洋探测史

　　人类研究海洋的历史非常悠久，从海洋科学发展的历程看，可以划分为三个历史时期。从史前到 18 世纪末，为海洋学建立以前的时期，是海洋知识逐步获取和累积的时期；从 19 世纪到 20 世纪 50 年代，是海洋学的建立和发展时期；自 20 世纪 50 年代末以来，为海洋科学在全世界范围内向深度和广度发展的时期。海洋考察是海洋科学的主要组成部分。长期的海洋考察，不断地揭开海洋的奥秘，极大地丰富了人们的海洋知识。

海洋知识累积时期（从史前到 18 世纪末）

　　海洋学知识是在海洋生产实践和航海探险中开始累积的。这个时期可以分为两个阶段：古代阶段和海洋地理考察阶段。

1. 古代阶段（从史前到 14 世纪）

　　我们的祖先在远古时代已开始海洋捕捞。在山东省胶县发现的新石器时代大汶口文化遗址中，有大量海鱼骨骼和成堆的鱼鳞。经鉴定，它们分隶于鳀鱼、梭鱼、黑鲷和蓝点马鲛等三目四科。说明在 4000 ～ 5000 年以前，中国沿海先民已能猎取在大洋和近海之间洄游的中、上层鱼类，人们对海洋鱼类习性的认识已有一定的水平。

记述公元前 11 世纪至前 6 世纪周朝情况的《诗经》中，多次出现"海"字，并有江河"朝宗于海"的认识；西汉时期，已开辟了从太平洋进入印度洋的航线；据记载，三国时出现了中国第一篇潮汐专论《潮水论》；唐末时期，中国的潮汐研究已达到很高水平；明代时，出现了中国现存最早的地区性水产动物志《闽中海错疏》。

据文献记载，12 世纪初中国人已将指南针应用于航海。1405—1433 年，明朝郑和 7 次下"西洋"，最远到达赤道以南的非洲东海岸和马达加斯加岛，比哥伦布从欧洲到美洲的航行要早半个多世纪，而且在航海技术水平和对海洋的认识上，也远远超过当时的西方。可见，在古代的很长一段时间内，中国对海洋的认识和利用在世界上是居于前列的。

距今 4000 ～ 5000 年前，居住在地中海地区的美索不达米亚、埃及和希腊克里特岛的居民，已具有一些海洋知识。公元前 2000 年至公元前 1000 年左右，腓尼基人曾利用太阳和行星的位置确定方位，开辟了从直布罗陀海峡远航大西洋的航线，发现了加那利群岛。公元前 6 世纪，腓尼基人通过红海进行了环非洲的航行。公元前 5 世纪，出现了以地中海为中心的地图。公元 8 世纪到 11 世纪之间，挪威人曾越过大西洋，发现了格陵兰和纽芬兰，并在那里从事渔业活动。

由于航线的开辟和航海活动的发展促进了人们对海洋现象的认识。其中突出的是对潮汐现象及其成因的认识。公元前 4 世纪，古希腊亚里士多德在《气象学》中记载了潮汐现象；古希腊皮西亚斯记录了大潮与小潮，发现了潮汐主要起因于月球。公元前 2 世纪，巴比伦赛留卡斯在波斯湾对潮汐进行观察，并与地中海（几乎无潮汐）进行了比较，发现波斯湾日潮不相等现象。公元前 1 世纪，古希腊波西东尼斯在加的斯观察潮汐，发现潮差受月球相位的影响。公元 1 世纪，中国王充明确地指出潮汐同月相的相关性。公元 8 世纪，中国在《海涛志》中不仅指出了潮汐和月相的相关性，而且论述了海洋潮汐变化逐日、逐月、逐年的周期性，建立了现知世界上最早根据月球位置推算出每月和每天高、低潮的图解表。公元 11 世纪，中国在《海潮论》中分析了潮汐与太阳和月球的关系、潮汐的月变化以及形成的地理因素等。海洋生物知识随着航海也积累起来，如公元前 300 多年，亚里士多德在《动物志》中记载了爱琴海 170 多种动物；公元前 2 世纪至前 1 世纪，中国的《尔雅》除记有海洋动物外，还有海藻的记载。

古代海洋探险的另一大贡献是证实地球的形状。公元前 5 世纪，巴门尼德宣称地球是圆的。公元前 250 年左右，埃拉托色尼计算出地球的圆周长为 39 690 千米，与地球的实际周长十分接近，并画出了地球的经纬线，提出了绕地球航海一周的想法。公元 2 世纪中叶，托勒密地图绘有海洋。他指出大西洋和印度洋同地中海一样，是闭合的大洋，并认为地球东西两点彼此十分接近，如果向西航行，则可以抵达东端。这一观念在 1300 多年后，启发了哥伦布的向西远航的设想。

2. 海洋地理考察阶段（从 15 世纪到 18 世纪末）

9—14 世纪，欧洲经历了将近 600 年的黑暗时代，航海探险活动处于低潮，对海洋的认识也处于停滞状态；而阿拉伯国家和中国广泛地利用季风远航到东非、东南亚和印度等地，海洋知识得到了进一步的发展。15 世纪起，欧洲资本主义的产生和发展，刺激了海洋航海探险活动的开展和高涨，直至 17 世纪，来到人类历史上的海洋探险时代，史称"地理大发现"时期，代表人物有哥伦布、达·伽马、麦哲伦等。在后期的海洋探险中，科学考察的成分逐渐增多，18 世纪库克的海洋探险，已属于科学考察的范畴。

地理大发现　15 世纪末至 16 世纪初，葡萄牙和西班牙为打破意大利对东方市场和海上航路的垄断，竭力开辟新的海上航路。最先探寻通往印度新航路的是葡萄牙人。1416 年亨利亲王创立的航海学校，推动了航海探险活动。1488 年，B. 迪亚士沿非洲西岸航行，最先发现好望角，并绕过非洲南端进入印度洋。1497 年达·伽马沿迪亚士航线继续东进，经非洲东海岸，于 1498 年到达印度，开辟了连接大西洋和印度洋的航线。

当葡萄牙人沿非洲海岸向印度探航时，西班牙航海家却朝另一方向开辟新航路。意大利出生的哥伦布受雇于西班牙，从 1492 年开始至 1504 年曾 4 次西航，到达美洲。哥伦布误认为所到之处是目的地——印度。哥伦布发现新大陆大大刺激了欧洲人航海探险的热情。

1519 年，葡萄牙人麦哲伦在西班牙政府资助下，率领船队作首次环球航行（图 11-1）。他们从西班牙出发，渡过大西洋，于次年 10 月底经南美洲南端的海峡（后来被称为麦哲伦海峡），驶入浩瀚无际的太平洋。1521年 3 月，麦哲伦去世后，其副手继续航行，于 1522 年 9 月回到西班牙。麦哲伦的环球航行，第一次证实了地圆说。

图 11-1 麦哲伦

16 世纪，荷兰人 W. 巴伦支为探寻一条由北方通向中国和印度的航线，曾在北冰洋地区作了三次航行。17 世纪初，英国人 H. 哈得孙曾屡次探索经北冰洋通向中国的航路。W. C. 斯霍特于 1616 年到达美洲南端的合恩角。荷兰人 A. J. 塔斯曼于 1642—1643 年环航澳大利亚到达新西兰和塔斯马尼亚。这些航海在扩展、丰富海洋地理知识的同时，也或多或少做了一些有关洋流、风系等的科学考察工作，但直到英国人库克的航海探险才真正拉开海洋科学考察的序幕（图 11-2）。

图 11-2　库克

库克航海探险　库克从 1768 年开始到 1779 年去世，曾 4 次跨越大洋进行海洋地理考察。在 1772—1775 年间，他首先完成了环南极航行，探索了南极冰圈的范围。库克是继哥伦布之后在地理学上发现最多的人，南半球的海陆轮廓很大部分是由他发现的。他在海上精确地测量经纬度，取得了大量表层水温、海流、大洋测深及珊瑚礁等科学考察资料。

海洋学成果　在这个阶段，海洋探险取得的成果，极大地丰富了人类的海洋知识，为海洋学的建立准备了条件。

（1）大洋流系方面。1497 年，意大利的 J. 卡博特航行到纽芬兰，发现了拉布拉多寒流；1513 年，西班牙的 A. 阿拉米诺斯发现了墨西哥湾流；1595 年，荷兰人 J. H. 范·林斯霍特编成了最早的航海志，叙述了大西洋的风和海流；1686 年，英国人 E. 哈雷系统地研究了主要风系与主要海流的关系，后又阐述了海洋蒸发现象；1770 年，美国的 B. 富兰克林制作并出版了墨西哥湾流图；1799 年，德国人 A. 冯·洪堡发现了秘鲁海流等。

（2）海洋潮汐研究方面。1687 年，英国人牛顿用引力定律对潮汐性质作了精辟解释，奠定了海洋潮汐研究的基础；1740 年，瑞士的 D. 伯努利提出平衡潮学说；1775 年，法国人 P. S. 拉普拉斯创立潮汐动力学理论等。

（3）海洋生物研究方面。1551 年，法国 P. 贝隆等人解剖了海豚并进行了一系列的研究；1596 年，中国人撰写出水产动物志《闽中海错疏》；1674 年，荷兰人 A. 列文虎克最先发现细胞、组织及细菌原生物等；1685 年，英国的 M. 利斯特出版《贝类学大纲》；1754 年和 1758 年，瑞典人林奈出版了《植物种志》和《自然系统》(第 10 版)，为动、植物分类学奠定了科学基础。

（4）海图方面。有中国的《郑和航海图》；哥伦布的部下 J. 德·拉·科萨绘制的美洲海图；1521 年出现了与现代海陆分布相近的世界海图；1569 年荷兰人 G. 墨卡托发明正轴等角圆柱投影制图法，奠定了航海制图的基础；1678 年出版了印度洋海洋图；1737 年出现了海底等深线图；1744 年陈伦炯在《海国闻见录》中附有一张中国沿海全图。

（5）海水盐度和蒸发方面。1670 年，英国人 R. 波义耳在研究海水中盐度与密度关系基础上发表《海水盐度的观测和实验》，开创海洋化学的研究。1772 年，法国人 A. L. 拉瓦锡首先测定了海水成分，发现水是氢和氧的化合物。

（6）海洋研究的技术和手段方面。这一时期也先后发明了一些仪器和工具，如自记最低温度深海水温计、测深器、采水器和最低最高温度计等。

海洋学建立和发展时期（19 世纪至 20 世纪 50 年代）

这个时期，世界性的海洋考察活动日益增多，海洋学领域的研究在深度和广度上都获得较大发展，并独立成为一门学科。这个时期可以分为两个大的发展阶段："挑战者"号阶段和"流星"号阶段。

1."挑战者"号阶段

通常称为"挑战者"号时代，包括整个 19 世纪。此时海洋科学考察从个体单项发展为综合性的，海洋学开始逐渐形成。这个阶段最重要的事件是"挑战者"号考察，此外还有"前进"号北极海探险等。

从 19 世纪初到 1872 年，这时的考察已不同于第一个时期的航海探险，明确以海洋科学考察为主，但往往以个体单学科的考察为主。较为重要的考察和成果如下。

（1）1831—1836 年英国"贝格尔"号环球探险。它历时 5 年，经历了大西洋、印度洋和太平洋。英国科学家、生物进化论者达尔文参加了这次考察。根据这次考察所得的资料，达尔文解释了珊瑚礁的成因，提出了有关海底运动的论述，并于 1859 年出版了《物种起源》。这次考察所获得的资料，由"贝格尔"号船长 F. 罗伊和达尔文整理编纂成《"贝格尔"号航海报告》（4 卷）。

（2）1839—1843 年英国人 J. C. 罗斯的南极海域探险。J. C. 罗斯在南极海域的深海生物取样中，发现了与 J. 罗斯数年前在北大西洋发现的同样的海底生物，从而提出了整个大洋的底层水具有相同特性的结论。J. C. 罗斯还发现了南磁极。

（3）1842—1847 年，美国海军上尉 M. F. 莫里系统地研究了大洋的风和海流，并根据这些记录绘制成海图。M. F. 莫里于 1854 年出版了第一幅北大西洋海盆的水深图，为铺设大西洋海底电缆提供了科学依据；于 1855 年出版了《海洋自然地理学》，为人们提供了第一部海洋学经典著作。

（4）英国海洋生物学创始人福布斯对西欧、南欧、北非等海域的生物进行了多次考察和研究。他按照不同的深度将爱琴海分成八个带，第一次提出海洋生物分布的分带概念；认为深度越大，生物越少，550米以下为无生物带。1836 年，C. G. 爱伦贝格发现欧洲大陆的许多岩石中都含有硅藻、海绵和放射虫等海洋生物残骸，认为生物大量沉积海底是形成这些沉积岩的原因，指出这样的沉积物现在还在形成。1860 年"斗犬"号（Bulldog）在从地中海 2200 米深处打捞上来的电缆上，发现附有大量珊瑚类生物和软体动物。这一发现打破了福布斯关于海中 550 米以下是无生物带的结论。1868 年，英国"闪电"号（Lightening）在设得兰群岛和法罗群岛之间海域 1100 米深处采集了大量的生物。1869—1870 年，英国"豪猪"号（Porcupine）在爱尔兰西部、比斯开湾和法罗水道一带 1800 ～ 4464 米深水处取样 16 次，每次取样都获得相当多的生物，尤其是采到了被认为是白垩纪以后已经绝种的海胆。1872 年 C. W. 汤姆孙根据"闪电"号和"豪猪"号的考察结果，撰写了当时权威的海洋学著作《深海》。

（5）19 世纪 50 年代以后，铺设海底电缆的工作促进了海洋测深的调查。1856 年，铺设海底电缆专用调查船"阿尔奇克"号在北美东岸和爱尔兰西岸之间进行了测深，确认了北大西洋中央海脊的存在，并建议沿这条海脊铺设海底电缆。1857 年"独眼巨人"号、1858 年和 1860 年"戈尔岗"号、"斗犬"号先后在北大西洋进行了测深调查。

在英国皇家学会的支持下，C. W. 汤姆孙率领"挑战者"号于 1872 年 12 月启航，至 1876 年 5 月返航，三年半的时间，航行逾 12 万千米（图 11-3）。在太平洋、大西洋、印度洋和南极海数百个站位进行了测深、测温、采水、取样、拖网等，采集到大量海洋生物标本、底质标本以及海水样品。这次航海采集到很多深海珍奇动物标本，包括夏威夷群岛北方海域 5500 米以下的动物，测得太平洋马里亚纳海沟的深度数据（8180 米）。

"挑战者"号考察不但开创了海洋综合调查的时代，而且获得了

图 11-3　英国"挑战者"号调查船

十分丰富的海洋资料。几十位科学家潜心研究了 20 多年才完成考察报告的编写，共计 50 卷、29 500 多页，为海洋学的建立奠定了坚实的基础。在海洋生物方面，发现 4400 多个新种，提供了从表层到海底的海洋动物学知识。在海洋地质方面，重要成果是发现了深海软泥和红黏土，并采集到了锰结核。在海洋物理方面，除了调查海流和气象外，主要成就还有：①根据地磁测定的结果，掌握了航海罗盘仪的偏差；②绘制了等深线图；③发现 180 多米以下的水温受季节影响不大，温度变化极小；④认为大洋底的水温在大范围内基本相同，但在不同的海区也显示出特定的值；⑤确定了岛屿和险岩准确的位置。在海水化学方面，W. 迪特马尔对海水进行了全面的、完整的分析，从理论上证实了 J. G. 福希哈默尔于 1865 年提出的不论海水中含盐量的绝对值大小如何，其各种主要化学成分之间的相对含量是恒定的原理。在"挑战者"号进行观测以前，一般都认为深海海水比重很大，投入海里的重物不会沉入海底。"挑战者"号考察否定了这一论点。

"挑战者"号考察激起了各国海洋考察的热潮，德国"羚羊"号（1874—1876 年）、俄国"勇士"号（1886—1889 年）进行了环球考察，奥地利"极地"号（1890—1898 年）在红海和地中海考察，美国"布莱克"号在加勒比海考察（1877—1886 年），但其中最为著名的是挪威海洋学家的北极海探险。

1893—1896 年南森率探险船"前进"号进行北极海（即北冰洋）漂流考察，取得了三项主要成果：①南森和埃克曼共同研究，阐明了"死水"现象的发生是内波作用所致。②发现在深海海域，风向与表层流的流向不一致时，风海流较风向偏右 30° ~ 40°；根据"前进"号测量结果，埃克曼于 1905 年建立了著名的风海流理论。③发现盐度较高的大西洋水潜入了北冰洋的中层，而在北冰洋 −1.5℃ 的中冷水下方 360 ~ 460 米深处，潜入了温度为 1℃ 的大西洋水。根据这次调查，南森发明了颠倒采水器，一直沿用至今。探险结束后，南森及其同事撰写了《挪威人的北极探险》（6 卷），阐述了北冰洋的流动状况，海冰生成、发展、破坏以及融化的过程。

2. "流星"号阶段

从 20 世纪初期到中期这个阶段，综合性海洋考察普遍开展，各种电子技术和近代科学方法得以采用，极大地促进了海洋调查的深入和发展，进而推动了海洋学的发展。海洋学形成一门独立的科学，其标志是德国"流星"号（Meteor）考察和 H. U. 斯韦尔德鲁普等的名著《海洋》（3 卷）的问世。这一阶段较为重大的事件还有：1902 年国际海洋考察理事会（ICES）成立，瑞典"信天翁"号考察、丹麦"铠甲虾"号考察和苏联"勇士"号考察等。

（1）德国"流星"号考察。1925—1927 年，德国"流星"号考察船对南大西洋进行了历时两年零三个月的调查，这是继英国"挑战者"号之后的又一次划时代的科学考察。这次考察以海洋物理学为主，采用了各种电子技术和近代科学方法，以观测精确著称。它首次应用电子回声测深仪，获得了 7 万个以上的海洋深度数据；首次清晰地揭示了大洋底部起伏不平的轮廓；揭示了海洋环流和大洋热量、水量平衡的基本概况。出版了 16 卷考察报告，包括海底地质地貌、海洋物理、海洋化学、海洋生物、海洋气象以及内波观测等内容。

1929—1935 年和 1937—1938 年，"流星"号还分别在冰岛海域和东北大西洋进行了调查，弄清了极锋带的复杂海况。通过几个国家反复的同步调查，清楚地绘制出墨西哥湾流的续流。

（2）瑞典"信天翁"号考察。1947—1948 年，瑞典国立海洋研究所所长 H. 彼得松率领 12 名科学家乘坐"信天翁"号（Albatross）考察船进行深海调查。这次调查历时 15 个月，航程 13 万千米，重点进行了大西洋、太平洋、印度洋赤道无风带的深海观测，以补充英国"挑战者"号调查船无法在无风带区域进行深海观测的空白。"信天翁"号调查观测了南北纬度 20° 以内的赤道海流系，研究了深海的光学性能。同时使用活塞式柱状采样器，可取长 23 米的岩芯，发现深海沉积层中有第四纪气候变动旋回的记录；利用地层剖面仪调查了大洋沉积物的厚度；用放射性同位素测出沉积物的生成年代和沉积速率。此外，在浊流、底水化学、海底地壳热量测定等方面也有所贡献。"信天翁"号调查，为深海地球物理研究开创了先例。

（3）丹麦"铠甲虾"号（Galathea）深海考察。为了进一步研究深海生物，丹麦"铠甲虾"号调查船于 1950 年 10 月至 1952 年 9 月进行全球海洋调查。考察队在海底取样时，使用了 12 000 米长的钢丝绳，从超过 10 000 米深的菲律宾海沟的底质中采集到大量的活体微生物。1951 年 7 月，在 10 190 米深的海底石块上和附近海域采集到白色海葵、美丽的红虾、发光鱼、水母、沙蚕类动物等，证实在 1 万米的深处也栖息着生物；从 3400 ～ 7200 米的深海采集到大量乌黑的鱼、青白的海星、海参、虾、长腿蟹等珍贵生物，还采集到被人们认为早已绝种的"活化石"新蝶贝（Neopilina）。根据采集到的样品，他们发现生活在大于 7000 米深的超深海动物，与来自 2000 ～ 3000 米深的海域和大陆坡的动物种不同，能够适应巨大的水压。在这次考察中，还首次采用碳法测定海洋生物初级生产力，并测量了深海地磁。

（4）苏联"勇士"号（Витязь）太平洋考察。1949—1958 年，"勇士"号主要在太平洋考察。"勇士"号在考察中进行了测深，更正了远东近海和太平洋水深图，还发现了一些断裂带、海底山脉、海山等。在马里亚纳海沟发现了世界最深的查林杰海渊为 11 034 米；在千岛 - 堪察加海沟发现了深海渊（10 382 米）；在考察中取得了 40 米长的海底柱状样品，分析研究了长达 1000 万年的地质史；发现了深层水在不断流动，并在 1000 ～ 3000 米的深度上测量到速度高达 30 厘米 / 秒的强大层流；弄清了深海水强烈的垂直混合和数千米规模的浮游生物的垂直移动。调查结果表明，在 1 万米以深的最深海沟处，也有许多种生物存在。1959 年以后，"勇士"号还在印度洋从事考察活动。

（5）其他考察。在这个阶段还有美国"卡内基"号、"鹦鹉螺"号、"贝尔德"号、"地平线"号，挪威"莫德"号，德国"高斯"号，丹麦"丹纳－Ⅰ"和"丹纳－Ⅱ"号,法国"法兰西人"号和"帕斯"号,英国"发现－Ⅰ"和"发现－Ⅱ"号、"斯科列斯比"号、"挑战者－8"号,苏联"西比利亚科夫"号和"谢多夫"号破冰船、"罗蒙诺索夫"号、"鄂毕"号等,从事海洋考察活动。

3. 主要成果

在海洋考察的基础上,海洋学研究和理论取得了很多成果,例如,摩纳哥阿尔贝大公一世的《大洋水深图》(1904 年),埃克曼的风海流理论(1905 年),A. L. 魏格纳的"大陆漂移说"(1912 年),A. 霍姆斯的"地幔对流说"(1929 年),W. M. 尤因首次进行海洋地震测量(1935 年),S. 埃克曼发表《海洋动物地理学》(1935 年),J. P. 雅科布森和 M. H. C. 克努曾提出海水氯度新定义(1937 年),H. H. 赫斯发现海底平顶山(1946 年),C. E. 佐贝尔出版《海洋微生物学》(1946 年),H. U. 斯韦尔德鲁普的大洋环流理论(1947 年),H. M. 斯托梅尔的"西部边界流理论"(1948 年),F. P. 谢泼德的《海底地质学》(1948 年),W. H. 蒙克的"大洋漂流理论"(1950 年)等。其中 H. U. 斯韦尔德鲁普等人撰写的巨著《海洋》(1942 年)对这阶段的成果作了较全面、深刻的概括。

现代海洋科学时期 (20 世纪 50 年代以来)

20 世纪 50 年代后期以来,海洋调查研究工作进入了一个全新的历史时期。1957 年国际科学联合会理事会下属的海洋科学研究委员会(SCOR)和 1960 年联合国教科文组织下属的政府间海洋学委员会(IOC)建立后,积极组织和协调各国的海洋考察,开展各会员国之间及与其他世界组织的学术交流,制订各海区中长期海洋研究计划,有力地促进了海洋考察、研究的发展。其中最重要的计划是海洋勘探与研究长期扩大方案(LEPOR)。它制订于 1969 年,以 10 年为一个阶段,分期执行，其第一期计划即国际海洋考察十年，已取得重大成果。另一个突出的考察活动是深海钻探计划。这个时期的海洋考察有两个显著的特点：①国际合作进行大规模的海洋考察；②现代化立体观测技术系统在海洋考察中得到广泛的应用。

海洋调查国际合作

大规模的国际联合海洋考察活动，主要有以下几项。

（1）国际地球物理年（IGY）。1957 年 7 月至 1958 年 12 月，以国际大地测量学和地球物理学联合会（IUGG）为中心，数十个国家在南北极和赤道地区联合进行了一项旨在深入认识地球的第一次国际合作调查计划。观测项目涉及地球科学的各个领域。对海洋也进行了综合调查，内容包括地球物理学、潮汐、深海环流、全球气候等。

（2）国际印度洋考察（IIOE）。1959—1965 年，23 个国家在政府间海洋学委员会的协调下，先后派出 40 多艘海洋调查船，在整个印度洋海域进行了一次大规模的联合调查。这个调查不仅获得了印度洋海底地形图和生物生产力分布图，而且在许多方面有重要的发现。如发现世界夏季最强的索马里海流（7 节），红海底高温（52℃）高盐（25%）的热点，季风末期出现的赤道潜流等。

（3）热带大西洋国际合作调查（ICITA）。1963—1965 年，由多国参加，采用多船同步调查，第一次使用浮标阵观测，其结果验证了大洋环流模式和理论。

（4）黑潮及邻近水域合作研究（CSK）。1965—1977 年，十多个国家或地区参加的联合调查。目的在于了解和研究黑潮及其时空变化，成果以 3 卷本的黑潮学术讨论会论文集《黑潮》为代表。

（5）深海钻探计划（DSDP）。从 1968 年 8 月开始实施至 1983 年结束。15 年中直接钻取了大量洋底沉积层和玄武岩样品，提供了各主要大洋盆地的年代、洋底结构、矿产资源和大洋沉积等方面的丰富资料，对洋盆的形成和演化史做了总结性概述，成为现代海洋地质科学发展的一项壮举。

（6）国际海洋考察十年（IDOE）。从 1971 年开始执行，1980 年结束。该项计划有力地推动了海洋科学从描述性的工作向实验性和理论研究的转变。在这十年期间，物理海洋学的研究集中于世界大洋内流体的运动、结构与成分以及它与大气及其边界的作用。如中大洋动力学实验（MODE）、多边形中大洋动力学实验（POLYMODE）以及北太平洋实验（NORPAX）等；地球化学海洋断面研究（GEOSES）等的研究结果，弄清了大洋化学物质的时空变化，进行了大洋中化学物质的全球性观测，研究了化学物质与海洋生物圈的相互作用；主要进行了沿岸区上升流生态系统分析（CUEA）和海草生态系统研究（SES），同时控制生态系统污染实验（CEPEX）研究了海洋生态系统受到添加污染物的影响；地质工作者致力于认识地球岩石圈板块扩张中心和深洋盆的地质过程，特别注意研究矿藏的发育形成过程。通过"东亚构造和资源计划"（SEATAR）研究了板块活动边缘，通过"锰结核计划"对赤道北太平洋锰结核作了研究，通过"远期气候调查、测绘和预报"（CLIMAP），对深海沉积物的研究分析，研究了造成大气与海洋中气候变化的物理机制，着重研究 18 000 年前地球最近一次冰期时的大洋环流及其与大气的对应现象。研究表明，地球最近一次冰期大洋表面的平均水温比现在低 2.3℃，在一些赤道海域平均低 6℃。这些资料为评价未来气候各种变化效应提供了基础。

（7）法摩斯计划（FAMOUS）。法摩斯计划是"法美联合大洋中部海下考察计划"的简称。在这项计划中，科学家乘坐"阿尔文"号等潜水器多次深入洋底裂谷考察，使人类首次直接观测到新形成的海底断裂和熔岩流，准确地绘制出大尺度和小尺度的海底地形地质图。这项计划的一项最大成果是证实了火山活动使地球深处的新物质沿着海底大裂谷的中线喷发出来，从而不断地更新地壳，为新地壳的形成过程以及矿物与海底热液的关系提供了新的资料。

（8）海洋立体调查系统的建立。直到 20 世纪 60 年代初，传统的海洋调查船基本是由旧军舰、商船或货船改装成的。但到了 60 年代中期以后，各国开始设计建造了专以海洋研究为目的的调查船，为海洋科学研究提供理想的平台。为开展对深海的研究，海洋学家们设计出各种海洋调查潜水器、水下实验室，使人们有可能下潜到深海亲自观测和取样。最有代表性的潜水器是美国"阿尔文"号，它曾多次下潜到几千米深的海底热泉口进行观测。为研究海洋历史需钻取海底岩芯，在 20 世纪 20 年代只能钻取 1 米，30 年代为 5.6 米，70 年代就可获得 200～300 米未扰动的连续沉积岩芯，从而使海洋调查研究的能力由海面深入到海底和海底以下。同时，研究海洋的手段扩大到太空。在 60 年代初，利用气象卫星开始从太空监测海洋。1978 年美国发射专用海洋卫星（Seasat），所收集到的大量海洋资料至今仍有价值。70 年代，海洋调查已由过去的单一调查船，扩大到空中飞机、卫星、海面研究船、浮标、水下潜水器、海底实验室、海底深钻和取样的立体观测系统（图 11-4）。

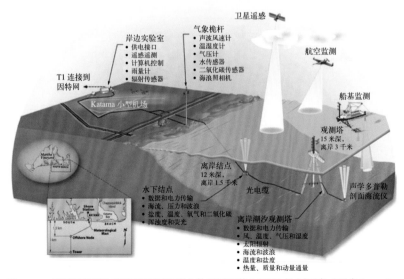

图 11-4　美国伍兹霍尔海洋研究所海底立体观测网络 MVCO 计划示意（引自 https://mvco.whoi.edu/about/）

先进技术支撑
——海洋观测装备

　　海洋观测装备是观察和测量海洋现象的基本工具，通常指采样、测量、观察、分析和数据处理等设备。海洋观测仪器主要是为了满足海洋学研究的需要而设计的，有些国家以"海洋学仪器"命名，中国习惯上称为"海洋仪器"。

发展概况

　　早在 15 世纪中叶，便有人研制测量海水深度的仪器。但是比较简便而又可靠的测温工具，是 1874 年研制出的颠倒温度计。随后又设计出埃克曼海流计。20 世纪初研制出了回声测深仪。1938 年研制出机械式深温计，从而可以快速观测水温随深度的变化。直到 50 年代以前，海洋观测主要使用机械式仪器，回声测深仪是唯一的电子式测量装置。60 年代以后，海洋观测仪器在设计上大量采用新技术，逐步实现了电子化。海洋观测仪器的电子化，是从单项测量仪器开始的，以后又发展出多要素的综合仪器，例如盐温深测量仪。今后，海洋观测仪器将不断改进结构，降低功耗，增加可靠性，除传感器多样化外，信号形式和仪器终端将日趋通用化，并进一步向智能化发展。

　　海洋观测仪器可以按照结构原理分为声学式仪器、光学式仪器、电子式仪器、机械式仪器以及遥测遥感仪器等。还可以根据运载工具不同，划分成船用仪器、潜水器仪器、浮标仪器、岸站仪器和飞机、卫星仪器。其中船用海洋观测仪器品种最多，按其操作方式又可分为投弃式、自返式、悬挂式、拖曳式等。投弃式仪器使用时将其传感器部分投入海中，观测的数据通过导线或无线电波传递到船上，传感器用后不再回收。自返式仪器观测时沉入海中，完成测量或采样任务后卸掉压载物，借自身浮力返回海面。悬挂式仪器利用船上的绞车吊杆从船舷旁送入海中，在船只锚碇或漂流的情况下进行观测。拖曳式仪器工作时从船尾放入海中，拖曳在船后进行走航观测。

　　海洋观测仪器对使用者来说，通常按所测要素分类。例如测温仪器、测盐仪器、测波仪器、测流仪器、营养盐仪器、重力和磁力仪器、底质探测仪器、浮游生物与底栖生物仪器等。将它们归纳起来可以划分成四大类，即海洋物理性质观测仪器、海洋化学性质观测仪器、海洋生物观测仪器、海洋地质及地球物理观测仪器。

海洋物理性质观测仪器

　　海洋物理性质观测仪器用于观测海洋中的声、光、温度、密度、动力等现象。因为海水密度不便直接测定，通常用温度、盐度和压力值计算得到，所以盐度取代密度成为一个必测参数。观测海水温度、盐度和压力的仪器，20 世纪 60 年代以前只能用颠倒温度计、采水器、滴定管和机械式深温计（BT），现在则用电子式盐温深测量仪（STD 或 CTD）等。船只走航测温常用投弃式深温计（XBT）。

空中遥感观测海水温度则用红外辐射温度计。岸边潮汐观测使用浮子式验潮仪，外海测潮采用压力式自容仪，大洋潮波的观测依靠卫星上的雷达测高仪。海浪观测仪器的品种比较繁杂，有各种形式的测波杆、压力式测波仪、光学原理的测波仪、超声波式测波仪。近年用得较多的是加速度计式测波仪。海流观测相当困难，或用仪器定点测量，或用漂流物跟踪观测。定点测流是海洋观测中常用的办法，所用仪器有转子式海流计、电磁式海流计、声学海流计等，其中最流行的是转子式仪器。海洋声参数仪器主要有声速仪，用以观测声波在海水里的传播速度。海洋光参数仪器有透明度计和照度计，用以观测海水对光线的吸收和海洋自然光场的强度。

海洋化学性质观测仪器

海洋观测中所用的化学仪器，主要用来测定海水中各种溶解物的含量。20 世纪 60 年代以前，除少数几项可在船上用滴定管和目力比色装置完成外，大部分项目要保存样品带回陆上实验室分析。60 年代以后，调查船上逐渐采用船用盐度计、船用 pH 计、溶解氧测定仪以及船用分光光度计和船用荧光计。近年来船用单项化学分析仪器与自动控制装置相结合，形成船用多要素的自动测定仪器。这种综合仪器还可配备电子计算机，提高其自动化程度。船用化学分析仪器的工作原理大致分两类：一类用传感器（主要为电极）直接测定化学参数；一类通过样品显色进行光电比色测定。目前，海水中的各种营养盐靠比色仪器测定，pH 值、溶解氧、氧化 - 还原电位等利用电极式仪器测定。

海洋生物观测仪器

海洋生物种类繁多，从微生物、浮游生物、底栖生物到游泳生物，相应有不同的观测仪器。海水中的微生物需采样后进行研究，采样工具有复背式采水器和无菌采水袋。浮游生物采样器主要有浮游生物网和浮游生物连续采集器。底栖生物采样使用海底拖网、采泥器和取样管。游泳生物采样依靠渔网，观察鱼群使用鱼探仪。海洋初级生产力的观测，除利用化学仪器测营养盐，利用光学仪器测定光场强度之外，还用荧光计测定海水中的叶绿素含量。为了观察海洋生物在海中的自然状态，需要利用水中摄像，有时还得使用潜水技术。水下实验室可使人们在海底停留较长时间，是观察海洋生物活动情况的良好设备。

海洋地质及地球物理观测仪器

底质取样设备是最早发展的海洋地质仪器，分表层取样设备与底质柱状取样设备两类。表层取样设备又称采泥器，有重力式采泥器、弹簧式采泥器和箱式采泥器，其中箱式采泥器能保持沉积物原样。底质柱状采样工具有重力取样管、振动活塞取样管、重力活塞取样管和水下浅钻，有一种靠玻璃浮子装置使柱状样品上浮的重力取样管称为自返式取样管。结合底质取样，还可进行海底照相。回声测深仪是观测水深、地貌和地层结构最常用的仪器。侧扫声呐又称地貌仪，安装在船壳上或拖曳体上，可以观测海底地貌。地层剖面仪利用声波在海底沉积物中的传播和反射测出地层结构。海洋地球物理仪器有重力仪、磁力仪和地热计等。地热计结构比较简单，将热敏电阻安放在钢质探针的顶端，靠重力作用插入海底，便能测出海底沉积物的温度。

海陆空联测
——海洋观测手段

　　目前，国际海洋观测技术和海洋观测系统已经由近岸、近海扩展到深海大洋，由局部、区域扩展到全球，由单一学科观测扩展到多学科综合交叉融合观测，由岸基、船基观测扩展到海基、空基、天基观测相结合的空天海洋一体化观测，正在向数字化、全球化、网络化方向迅猛发展，已形成了覆盖全球海洋和重点海域的立体观测网络系统。

　　在海洋观测方面中国取得了长足的发展，经过几十年的建设和发展，以自然资源部为主体的，以观测站、浮标、调查船为主要观测手段的中国近海海洋观测网已初步建立，包括岸基（平台）海洋观测站、锚系水文气象观测浮标站、雷达测冰站、高频地波雷达站、调查观测船、志愿观测船、海监飞机、海洋遥感卫星以及数据通信系统，能够对我国沿岸区进行海洋环境监测以及对赤潮、风暴潮、巨浪、海冰及海上溢油等海洋灾害进行重点监测。海军、中国科学院、中国气象局、水利部、生态环境部、中国地震局等机构及沿海企事业单位，也建立了一些海洋水文气象观测站、水位观测站、水质监测站、生态系统观测站等。

岸基（平台）海洋台站观测

自然资源部系统现有海洋观测站 70 余个，大部分建于 20 世纪 50—70 年代。海军在其观通站建设有 20 多个海洋水文气象观测站和大气波导观测站。地方海洋部门和沿海地带的大型企业，为基础设施安全先后建设了 30 余个海洋环境观测站。针对海洋科学研究的需要，2005 年科技部批准建设 3 个国家级近海生态环境监测站——中国科学院胶州湾海洋生态系统野外科学观测研究站、大亚湾海洋生物综合实验站和海南热带海洋生物实验站。这些监测站主要进行海湾及其邻近海域在自然变化和人类活动双重作用下的海洋生态环境动态变化研究。

国内岸基雷达海洋环境观测是近几年才开始的。在国家"863"计划和地方政府的支持下，已在我国沿海建设有中、短程高频地波雷达 4.5 对共 9 个站，分布于杭州湾、舟山海域、台湾海峡、珠江口海域。利用"863"计划研究成果，2002 年在浙江的嵊山、朱家尖，2005 年在福建东山、龙海建设有中程高频地波雷达海洋环境监测站，提供海面风场、波浪谱及矢量海流场。2001 年在芦潮港、大戢山两地，建有两台美国 SeaSondes 公司的短程雷达 CODAR。在珠江口布设 CODAR 短程雷达。2006 年军方在平潭、北茭、崇武三地建设了 SeaSondes 公司的中程雷达 3 套。

浮标观测

我国的海洋浮标网建设由国家海洋局主持，始于"七五"期间。当时规划了 12 个海洋浮标观测站位，1985—1990 年是运行的鼎盛时期，共有 6 个站位浮标进行业务观测。1985—1994 年主要使用英国 MAREX DS-14 型浮标，共 8 套；1994 年以后投入运行的是国产 10 米直径和 3 米直径的圆盘形浮标。20 年来取得了大量的包括台风等灾害性天气过程的多要素实测数据，为防灾减灾、航线预报提供实时观测资料。由于没有持续的经费投入，目前虽然规划了近 20 个浮标观测站位，但只有 3 个站位布放了浮标。福建沿海由地方海洋局布设了两套生态监测小浮标。

断面观测

我国近海断面调查开始于 20 世纪 60 年代中期。50 多年来取得了大量的海洋资料，为我国的海洋开发、经济建设、科研教学、环境保护、海洋管理和国防建设做出了重要贡献。1966 年至今，由于种种原因，断面调查经历了几次较大调整。1966 年以前断面调查由中国科学院主持，1966 年以后移交给国家海洋局管理。

1966—1975 年，渤、黄、东海共有断面 21 条，其中渤、黄海 14 条、东海 7 条。由于历史原因，此期间的断面监测工作中断了。1976—1981 年，共有断面 38 条，其中渤海 8 条、黄海 12 条、东海 7 条、南海 11 条，每月监测一次。1982—1987 年，共有断面 28 条，其中渤、黄海 12 条，每年 2 月、4 月、5 月、6 月、8 月、9 月、11 月进行监测；东海 9 条（主断面 6 条，每年 2 月、6 月、8 月、9 月、11 月进行监测；辅助断面 3 条，每年 2 月、5 月、8 月、11 月进行监测）；南海 7 条，逢双月监测。1988—1995 年，共有断面 13 条，其中，渤、黄海 5 条，东海 4 条，南海 4 条。每年 2 月、5 月、8 月、11 月进行监测。1996 年至今，共设置断面 17 条，其中渤、黄海 6 条，东海 5 条，南海 6 条。常规断面每年 2 月、8 月各一次，补充断面每年 8 月各一次。

志愿船观测

　　志愿船观测是由商船、交通船、渔船以及其他从事海上活动的船只承担的一项义务工作。在这些船只上安装船舶自动观测设备，以获取近海、中远海和远洋航线上的海洋观测资料。志愿船观测可弥补中远海实时观测能力的不足。目前，我国志愿船仅有 35 艘，其中南海 9 艘，东海 15 艘，渤、黄海 11 艘，主要分布在一些固定航线上。主要观测风向、风速、气压、气温、湿度等要素。观测资料由志愿船通过 Imarsat-C 卫星向所属的船舶测报站发报，再由各海区中心通过 VSAT 小站上传到国家海洋环境预报中心。存在的主要问题是：志愿船太少，其中能正常运行的更少，加上航线的限制，实际获取的海上资料非常少；缺少水文资料；仪器设备易于损坏，不能及时维修更换；由于通信系统的限制，资料实时性差，部分志愿船资料只能回港时再回放数据资料；经费严重不足，难以支付仪器设备配件购置费、劳务费、设备维护费、卫星通信费，船舶测报工作不能正常开展；志愿船测报工作没有相应的政策规定，给发展和管理志愿船工作带来困难。

专业调查船和勘测船

　　我国现有各种调查勘测船 50 余艘，分别隶属于自然资源部、自然资源部中国地质调查局、教育部、中国科学院。中国海警及海监总队有海监船 94 艘，主要用于海洋维权执法和海洋环境监测。中国科学院建造的 1000 吨级科学考察船"科学三号"、2000 吨级双体科学考察船"实验 1"号已投入运行，国家重大基础设施建设项目 4000 吨级新型海洋科学综合考察船"大洋号"于 2019 年建成并投入使用。

卫星遥感观测

在海洋遥感方面，我国现已发射四颗海洋水色卫星，正在朝系列化、业务化应用迈进。根据规划，我国已建成海洋水色卫星（HY-1）、海洋环境和海洋监视监测卫星（HY-2 和 HY-3）系列、中法海洋观测卫星（CFOSAT）等卫星遥感观测平台。

HY-1 卫星（海洋水色卫星）以可见光、红外探测水色水温为主，重点满足赤潮、溢油、渔场、海冰和海温的监测和预测预报需求；HY-2 卫星（海洋环境卫星）以主动微波探测全天候获取海面风场、海面高度和海温为主，满足海洋资源探测、海洋动力环境预报、海洋灾害预警报和国家安全保障系统的要求；HY-3 卫星（海洋监视监测卫星）系列，其主要有效载荷为合成孔径雷达，能够全天时、全天候、高空间分辨率地获取我国海洋经济专属区和近海的监视监测数据，为我国海洋权益维护、海洋减灾防灾、海洋环境保护、海域使用管理、执法监察提供强有力的技术支撑，从而提高我国对海洋经济专属区内突发事件的快速反应能力；中法海洋观测卫星，其主要有效载荷为海浪波谱仪和散射计，能够实时提供全球海浪方向谱和海面风矢量，满足风暴潮的监测。

联合舰队
——大型海洋观测计划

　　鉴于海洋观测在认知海洋方面所具有的特殊性和重要性，长期以来国际海洋科学组织和各海洋强国，都针对与社会经济发展和国防建设密切相关的海洋现象或特定的海洋科学问题，发展海洋观测技术，建设全球性或区域性的海洋观测系统，组织实施阶段性的或长期的海洋科学观测计划，获取实时的现场海洋环境数据，开展系统的科学研究，服务于社会经济发展和军事需求。

　　（1）热带海洋与全球大气（TOGA）计划（1985—1994 年）。该计划是通过对热带太平洋上层海洋热力动力要素的调查研究，了解 ENSO 事件产生的过程与机理，力求在月到年的时间尺度上预报。期间，在热带西太平洋组织了海洋－大气耦合响应试验（TOGA-COARE，1992—1993 年）。通过 TOGA 计划的实施，建立了 TAO/TRITON、PIRATA 浮标阵列。这些浮标阵列至今已提供了十多年的热带海洋海水温盐度、风速风向、海流以及其他参数的连续记录，显著提高了人们对 ENSO 过程和机理的认识和预报能力。

　　（2）世界海洋环流试验（WOCE）（1990—2002 年）。该计划的目的是在全球海洋全深度尺度上调查研究海洋在全球气候系统变化中的作用，提高预报海洋环境和气候变化的能力。该计划使用了卫星遥感、各种锚碇和漂流浮标、示踪物质及调查船等观测手段，以前所未有的观测范围和精度开展了全球大洋考察，历时 12 年，涉及 30 多个国家，取得的海洋水文数据比历史上取得的数据总和还多，为年代际和更长时间尺度气候变化的研究和预报提供了坚实的海洋学基础。

（3）国际气候变化与可预测性研究计划（CLIVAR）（1995—2015年）。CLIVAR 是在热带海洋与全球大气（TOGA）计划、世界海洋环流试验（WOCE）等多个大型研究计划完成的基础上建立起来的，从 1995 年开始实施。作为世界气候研究计划（WCRP）的一个重要组成部分，旨在关注气候系统的自然变率以及人类活动对气候变化的影响，探讨在季节、年际、年代际和世纪际，甚至更长时间尺度上气候的变异和预测。

（4）地转海洋学实时观测阵（Argo）（1998—　）。3000 个 Argo 浮标计划的实施将使得全球海洋 2000 米以内的温盐垂直剖面分布及 2000 米以内参考流速剖面分布有准实时的观测数据，为海洋环境预报和气候变化研究提供可靠的基础。目前，世界上已有 23 个国家和团体参与了 Argo 计划。我国也已参加 Argo 计划，经过 20 年的不懈努力，截至 2021 年，累计投资布放了近 550 个浮标，维持了一个由 80 ～ 100 个（最多时曾达到 204 个）活跃浮标组成的区域海洋观测网。

（5）全球海洋通量联合研究计划（JGOFS）（1988—2002 年）。JGOFS 是 1987 年由国际科联海洋科学研究委员会（SCOR）发起的，是国际地圈－生物圈计划（IGBP）的核心计划之一，旨在理解并预测海洋在全球碳循环中的作用，其目标有二：① 测定和了解控制海洋碳通量以及相关生源要素的生物地球化学过程，评估其与大气、海底、大陆边界的相互交换；② 发展全球海洋对人为二氧化碳扰动响应的预测能力，特别是对随着全球变暖这种响应的预测能力。

（6）全球海洋碳观测系统（GOCOS）（2002—　）。该计划旨在更好地了解海洋碳循环的平均状况、季节到年代际甚至更长时间尺度的变化趋势以及海洋碳循环与其他碳库，特别是与大气和沿海陆地界

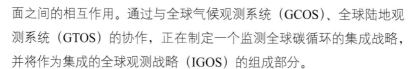

面之间的相互作用。通过与全球气候观测系统（GCOS）、全球陆地观测系统（GTOS）的协作，正在制定一个监测全球碳循环的集成战略，并将作为集成的全球观测战略（IGOS）的组成部分。

（7）地球系统的协同观测与预报体系（COPES）（2005—2015 年）。该计划是 WCRP 适时提出的面向未来 10 年的新战略框架——地球系统的协同观测与预报体系。COPES 由 WCRP 联合科学委员会牵头，形成了各研究项目和活动协同参与的组织形式以及 WCRP 当前的研究格局。WCRP 将围绕 COPES 这一主题，开展观测、模拟和研究，以在预测未来气候、可持续发展、减灾防灾、改善季节气候预测、确定海平面上升的速度和预测季风雨等方面取得新进展。

（8）海洋生物地球化学和海洋生态系统综合研究计划（IMBER）（2003— ）、上层海洋－低层大气研究计划（SOLAS）（2000— ）、海岸带陆－海相互作用研究计划（LOICZ）（1993— ）。IMBER 和 SOLAS 是 IGBP 第二阶段中的两项海洋研究新计划；LOICZ 计划始于 1993 年的 IGBP 第一阶段计划，但在第二阶段的计划中，其研究议程有了较多的扩展，其中包括了人文因素的研究。这三个计划分别关注不同领域的海洋环境安全问题。

（9）全球大洋中脊研究计划（InterRidge）（2004— ）。该计划是由多个成员国于 1992 年成立的国际合作项目，旨在促进各成员国对洋中脊海底扩张中心的交叉学科研究及国际合作。2004 年提出了全球大洋中脊研究十年科学计划，重点关注超低速扩张脊、洋中脊－地幔热点相互作用、弧后扩张系统与弧后盆地、洋中脊生态系统及其深海生命特征、连续海底监测和观察、海底深部取样和全球洋中脊考察七个科学主题。

（10）综合大洋钻探计划（IODP）（2003— ）。该计划是由国际"大洋钻探计划"（ODP）（1985—2003 年）及其前身"深海钻探计划"（DSDP）（1968—1983 年）发展而来。聚焦的三大科学主题包括：深部生物圈和洋底下的海洋；环境的变化、过程和影响；固体地球循环和地球动力学类型等。八大优先领域包括深部生物圈、天然气水合物、极端气候、气候的快速变化、大陆破裂与沉积盆地形成、巨型火山岩区、21 世纪莫霍面钻探和地震发震带等。

（11）全球有害藻华生态学与海洋学研究计划（GEOHAB）（1998— ）。该计划由政府间海洋学委员会（IOC）和国际科联海洋科学研究委员会（SCOR）1998 年联合发起，其科学目标是加强有害藻华的生物学、化学和物理学综合研究，阐明有害藻华种群动态变化机制，提高和改善赤潮的预测能力。有害藻华的发生受到诸多生物、化学与物理因素的影响，因此，针对有害藻华开展生物、化学和物理等多要素的现场和长期观测，对于揭示藻华形成机制，建立和发展科学的预测方法至关重要。

（12）国际大陆边缘计划（InterMargins）。该计划是一个国际性、多学科综合研究计划，其目的是鼓励世界各国开展针对大陆边缘的基础科学问题研究，其科学目标和研究内容主要包括：裂谷边缘、沉积过程、地震带过程、俯冲带过程、流体过程及地球化学和微体生物，并在相关研究项目的基础上建立大陆边缘的数据库和信息交流体系等。

（13）全球海洋观测系统（GOOS）。GOOS 是一个国际合作系统，其主要任务是应用遥感、海表层和次表层观测等多种技术手段，长期、连续地收集和处理沿海、陆架水域和世界大洋数据，并将观测数据及有关数据产品对世界各国开放。整个系统包括气候、海洋健康、海洋生物资源、沿岸海域和应用服务五个模块。

（14）极地研究计划。南北极地区的现代科学研究始于 1882—1883 年由非政府间国际气象组织（IMO）发起的第一次国际极地年。当时，12 个国家组织实施了 13 次北极科学考察，2 次南极考察。2007—2008 年，由国际科学委员会（ICSU）和世界气象组织（WMO）发起第四次国际极地年，在极地地区开展大规模国际合作研究。研究主题代表了目前国际极地研究的重要科学问题和发展方向，其中涉及

海洋和大气观测研究的主题有：确认当前极地的环境状况；定量认识过去、现在的自然环境变化，并加强预测能力；在全尺度意义上加强理解极区与其他地区的联系与相互作用以及控制这些联系的过程；利用极区优势，发展和加强由地球内部到宇宙空间的观测系统。

　　总体上看，国际海洋观测技术和海洋观测系统向高效率、立体化、数字化、全球化方向发展，目标是形成覆盖全球的立体观测网络系统。已发展起来的全球化观测网络，包括卫星遥感、浮标阵列、海洋观测站、水下剖面、海底有缆网络和科学考察船等，它们作为数字海洋的技术支持体系，提供全球性的实时或准实时的基础信息和信息产品服务。

透明的海洋
——海洋观测的未来

海洋观测的发展趋势

海洋观测由过去针对海洋要素和海洋环流观测为主，发展到现在海洋环流、海洋地球化学循环和海洋生态观测并重的阶段。海洋科学研究正在向纵深层次发展，由对海洋平均状况的描述发展为对海洋变化过程的研究，由对现象的定性描述发展到定量的准确预报。面向未来，海洋科学的发展和重大海洋科学问题的解决，更依赖于立体、连续、实时、长期的海洋数据的获取。

（1）海洋观测更强调整体性、系统性的观测思路，呈现从单一学科观测向多学科综合交叉融合的发展趋势，地球化学循环和海洋生态的观测日益受到重视，光学生态观测和碳水通量观测迫切需要增加到正在执行的一些观测计划中，与此同时，许多大型观测计划与科学研究计划都具有典型的国际化和大科学综合交叉的特征。

（2）海洋观测由岸基、船基观测扩展到海基、空基、天基观测相结合的空－天－海洋一体化观测，正在向数字化、网络化方向迅猛发展，并逐渐发展成覆盖全球海洋和重点海域的立体观测网络。

（3）海洋科学研究越来越依赖于长期的连续观测、探测和试验资

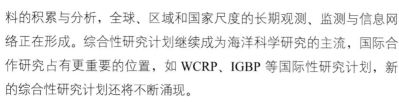

料的积累与分析，全球、区域和国家尺度的长期观测、监测与信息网络正在形成。综合性研究计划继续成为海洋科学研究的主流，国际合作研究占有更重要的位置，如 WCRP、IGBP 等国际性研究计划，新的综合性研究计划还将不断涌现。

（4）社会需求导向愈加强化，服务于经济、社会发展和国家利益目标将更为突出。加强对灾害性强海洋动力过程（地震海啸、风暴潮和内孤立波）等监测技术的研究、面向全球变化的观测与应对，是海洋观测能力发展的迫切需要；为海洋环境治理、生态保护、生物资源可持续利用、生态灾害预防等提供技术和技术集成，是海洋观测发展的重要社会需求。

海洋观测所面临的挑战

人类对海洋的了解随着海洋观测能力的提高而深入，海洋观测在观测仪器、观测手段、数据传输等方面取得了一系列进展，但依然面临以下诸多挑战。

（1）对高新技术的需求日益迫切。海洋观测越来越依赖于海洋高新技术的发展，高新技术的每一次创新都会给海洋观测带来革命。随着深海资源探测工作的进一步开展，对高新技术提出了新的挑战。

（2）长期连续的巨额资金投入不可忽视。开展海洋观测，需要耗费巨额资金，不仅包括最初的研发和建设经费，更重要的是观测系统要得以长期连续运行的维持费用。欧洲海洋监测规划（ESONET）预算 7000 万欧元、美国海洋观测系统规划（OOI）2008 年联邦财政年度预算为 3.3 亿美元、美国综合海洋观测系统（IOOS）2006 年财务预算7500 万美元。随着对观测设备和手段要求的提高以及海洋观测难度的加大，其所需的资金投入也会日益增多。

（3）数据共享问题普遍存在。尽管数据共享工作有一定的进展，但依然面临巨大的问题。许多观测系统为几个部门或国家所有，每个观测系统拥有其独立的数据管理制度、数据格式、数据标准和传输方式，导致不同系统间的数据无法实现共享，造成资源浪费。同时，不同的科研和应用需求对数据质量和形式的要求不同，如预报部门关注数据的实时性，研究部门关注数据的分辨率和准确度。需求差异也会影响传感器和通信方式及数据处理方式的选择，导致不同系统间数据无法共享。